LÉON DE ROSNY

Taureaux

ET

Mantilles

SOUVENIRS D'UN VOYAGE

en Espagne et en Portugal

TOME PREMIER.

PARIS
PAUL OLLENDORFF, ÉDITEUR
28 BIS, RUE RICHELIEU, 28 BIS
1889.

TAUREAUX

ET

MANTILLES

EN VENTE CHEZ LE MÊME ÉDITEUR

DU MÊME AUTEUR :

LE PAYS DES DIX-MILLE LACS Quelques jours de voyage en Finlande. Paris, 1886 — Un vol. in-12, orné de gravures sur bois intercalées dans le texte.................... 3 fr. 50

SOUS PRESSE :

VOYAGE EN ROUMANIE. — Un beau volume orné de nombreuses gravures intercalées dans le texte.......................... » »»

Imprimerie E. DANGU, à Saint-Valery-en-Caux.

Taureaux

ET

Mantilles

SOUVENIRS D'UN VOYAGE

en Espagne et en Portugal

PAR

LÉON DE ROSNY

TOME PREMIER

PARIS
PAUL OLLENDORFF, ÉDITEUR
28 BIS, RUE RICHELIEU, 28 BIS
1889.

PROLOGUE

DE LA GRANDE ÉDITION

Où l'on se conforme à l'usage qui veut que, sous le nom de préface, *on mette au commencement d'un livre une* postface *qui devrait se mettre à la fin.*

L'europe tout entière, au siècle où nous vivons, parcourue en tous sens, n'a plus rien de nouveau qui puisse satisfaire le public habitué à lire chaque jour les récits émouvants des expéditions au-delà des tropiques ou bien aux antipodes. En faisant ce récit, je suis loin de prétendre avoir fait un voyage en pays inconnu. Ce que j'ai vu, chacun avant moi l'avait vu, ou, dans maint bon écrit, il aurait pu l'apprendre. Je n'ai rien fait que suivre un sentier rebattu, dont on a tout décrit ce qui pouvait surprendre.

Enfermé bien souvent dans un étroit wagon, et ne sachant que faire, tantôt, sur mon carnet, pour me désennuyer, j'inscrivais au hasard quelques impressions, ou bien quelques idées sur la recherche humaine qui, pendant le silence ou dans la causerie germaient dans mon esprit et le faisait songer.

Sur la route tantôt, aussi pour me distraire, je demandais parfois au nitrate d'argent sensible à la lumière, de garder la mémoire des images rapides qui passaient sous mes yeux. Et lorsque le soleil, absent pour quelques heures, refusait son concours, j'empruntais du crayon le modeste secours pour faire des croquis, fort imparfaits sans doute, mais suffisants pour moi, car je ne songeais point à les livrer un jour à la publicité.

Or ce sont ces images et ce sont ces croquis que mon compagnon crut pouvoir être agréables à des amis intimes désireux de connaître où nous avions été, les curiosités que nous avions vues et les péripéties de notre court séjour au pays des mantilles et des toréadors.

Un album a besoin d'être encadré d'un texte. Ce texte où le trouver? Je n'avais que des notes rapidement écrites sur de légers feuillets, fort indignes à coup sûr de se montrer au jour. Je n'aurais point osé les livrer au public ; mais ce livre n'est point écrit pour le public. Offert à des amis, ils seront indulgents. Je l'espère, du moins, ils me l'ont tous promis.

espérer davantage, serait grande folie. Mes idées ne sont point du goût de notre époque. Un pied dans le passé, un pied dans le futur, il ne m'en reste point pour le siècle présent. Je fais ce que je puis, et goûte le proverbe :

Fais tout ce que tu peux, advienne que pourra.

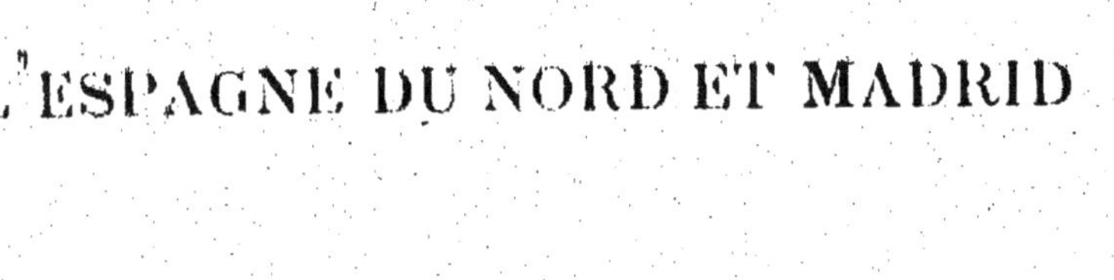

L'ESPAGNE DU NORD ET MADRID

I

Comme quoi les voyageurs qui n'ont pas de mantilles doivent prendre des précautions contre les taureaux.

Un voyage en Espagne est au moment du départ, une assez grosse affaire. C'est un voyage, en somme, aucuns disent pénible, d'autres disent périlleux. Nous avons donc demandé renseignements, conseils, de tous côtés. Espérons que nous ne serons pas pris au dépourvu.

Les hôtels, nous a-t-on assuré, sont à peu près sans exception affreusement sales et dégoûtants : impossible de se coucher dans les draps malpropres qu'on vous donne. Ces draps hydrophobes continuent, sans voir l'eau, à servir à plusieurs générations de voyageurs. Il est de toute nécessité d'emporter avec soi des sacs de toile, sorte de fourreaux dans lesquels on a soin de s'enfoncer avant de s'étendre sur les lits. — Nous tenons le plus grand compte de la recommandation. Les sacs sont prêts et emballés.

Puis on est dévoré par tout un monde d'insectes, plus terribles les uns que les autres. L'ordre des suceurs y est représenté par les plus avides syphonaptères. Pour se délivrer des attaques de la « Pulex irritans », les habitants sont, à ce qu'il paraît, obligés d'entretenir, comme les Dalécarliens, des peaux de lièvres que ces affreux petits carnivores affectionnent tellement, qu'ils renoncent pour s'y retirer à leurs habitudes anthropophagiques. Besoin est donc de se munir de peaux de lièvres. On nous engage à y joindre quelques flacons d'essence de térébentine, du sublimé corrosif et de la poudre Vicat, pour nous garantir d'un autre insecte plus plat mais non moins sanguinaire, qui fit son apparition pour la première fois en Europe, — les érudits disent en Angleterre, — l'an de grâce 1503, venant, croit-on, d'Amérique.

Passe encore pour ces petits insectes, habitués trop communs de nos lits d'hôtels parisiens. Mais, en Espagne, ils sont au nombre des moins terribles et des moins redoutés. La gent entière des moustiques et des maringouins s'y est donné rendez-vous : culex commun, culex annelé et culex chantant, c'est à qui vous poursuivra depuis la chute du jour jusqu'au lever du soleil. Les Andalouses au teint bruni, sont obligées, les beaux soirs d'automne, de se farder la figure, tout comme les Lapons s'oignent la tête de graisse, pour atténuer les souffrances que leur cause ces innombrables petits diptères. Morale : des moustiquières et quelques pots de fard et de pommade à introduire dans nos malles.

Quant à l'araignée, horrible sœur de la tarentule de Sicile, venimeuse comme celle qui attenta aux jours du fameux maréchal de Saxe, un brave s'il en fut ; quant au scorpion, cet effroyable pulmonaire aux six yeux et aux huit spiracules, aux peignes à dix-huit dents et à la double langue, il faut en prendre son parti, affronter le danger, s'abandonner à sa bonne étoile. La science des Hippocrates modernes est impuissante à lutter contre ses attaques. Donc rien à ajouter pour eux dans nos déjà trop nombreuses valises.

Mais ce qui rendra nos bagages d'un poids à désespérer, ce sont les provisions de bouche. La cuisine des Fondas est, nous affirme un quidam très au courant de la matière, infecte et dégoûtante de saleté. Si nous n'emportons pas d'abonbantes rations de biscuit et de viandes sèches, nous risquons fort de mourir de faim sur la route. Emballerons-nous du riz et des conserves? Pour ma part, il me semble curieux, du moment où l'on voyage, de se nourrir des mêts locaux, fussent-ils plus repoussants que l'*assa fœtida*, ce mêts des anciens Dieux romains que les vieilles pharmacopées appellent *stercus diaboli*, et plus nauséabonds que les purées au *napi* ou poisson pourri des modernes Birmans. Bast! pas de nourriture dans nos malles! Si les aliments espagnols répugnent par trop à notre palais et à notre estomac, nous laverons l'un et l'autre avec du vin généreux d'Estramadoure et d'Andalousie.

Reste la question de santé. L'année

s'avance, et cependant la chaleur, on nous l'affirme, est encore suffocante en Espagne. Le séjour de Madrid est des plus pernicieux : il y souffle un petit vent incapable d'éteindre une bougie, mais « assez fort pour éteindre un homme en un clin d'œil ». On éprouve en rentrant chez soi de légers frissons, la tête est un peu lourde, on se jette sur un fauteuil ou sur le lit, et quelques heures après on quitte la Castille pour accomplir le plus grand et le dernier des voyages. Le remède : on l'ignore. Eh bien ! nous achèterons un manteau, un large sombrero ; nous emporterons du laudanum, un flacon de noix vomique, des grains d'hellébore, des emplâtres de thapsia, et tout sera dit.

Tout, oui tout, car il est temps. Passeport en poche, gare d'Orléans ! Billets directs pour San-Sébastian !

II

Comment on se comporte à la douane, quand on a peur de la lumière.

Nous quittons Paris, par le train-poste, à huit heures vingt minutes du soir. Il n'est pas encore temps de dormir et cependant nous n'avons qu'une pensée : celle d'être seuls dans notre compartiment, afin de nocturner le mieux possible. Chacun de nous, pour le bien commun, se dépouille de tout ce qu'il peut abandonner de vêtements. On se croirait dans l'arrière-boutique d'un marchand d'habits. Nos parapluies nous prêtent leur concours : transformés en mannequins, nous les affublons de paletots et de couvertures de voyage ; nous les coiffons de nos casquettes de nuit ; nous simulons tant bien que mal deux voyageurs en plus, que nous logeons dans les coins recherchés du wagon. De la sorte, nous sommes cinq, et toutes les bonnes places sont occupées, notre petit rideau de gaze bleue, développé autour de la lampe, plonge notre intérieur dans une demi-obscurité favorable à nos desseins. Quelques pourboires aidant, personnes ne vient troubler notre tête-à-tête, et le sifflet strident de la locomotive nous donne l'espoir que la nuit pourra se passer tranquillement. Nous nous mettons alors en devoir de déshabiller nos mannequins et de reprendre ce que nous avions donné pour les vêtir, sauf à recommencer le même manège quelques minutes avant d'arriver à la première ville importante, où une nouvelle invasion de voyageurs pourrait être à redouter.

La soirée est calme et magnifique. Avant de songer au sommeil, nous discuterons un peu sur notre itinéraire, nous ferons des projets, nous rêverons éveillés. Ensuite nous essaierons de rêver endormis. Nous le pourrons sans doute. Les arrêts sont peu nombreux. A l'exception d'Orléans, nous n'aurons de grandes stations qu'à une heure trop avancée pour qu'il y ait à craindre une forte affluence dans les gares. Ces grandes stations ont, en outre, l'avantage d'être toutes à peu près également distancées les unes des autres. De Paris à Orléans, 30 lieues ; d'Orléans à Tours, 28 lieues ; de Tours à Poitiers, 24 lieues ; de Poitiers à Angoulême, 28 lieues ; d'Angoulême à Bordeaux, 33 lieues ; en moyenne trente lieues. A Bordeaux, nous arriverons à sept heures du matin. Notre passion de la solitude sera très probablement apaisée à cette heure-là.

Pour ma part, quand on cria Bordeaux-Saint-Jean ! contre mon ordinaire, je dormais tranquillement.

— Cinquante minutes d'arrêt ! me crie Victor, en m'éveillant.

— Où sommes-nous ?

— A Bordeaux !

— Déjà ! bravo ! allons déjeuner.

Le buffet de Bordeaux est assez médiocrement servi. Je n'aime pas, en France du moins, que la cuisine brille trop par la couleur cantonale. Peu importe. Nous avons faim. Qui sait si nous déjeunerons partout aussi bien.

A midi 22, nous passons à Bayonne que nous contemplons par la portière de nos voitures ; et, à deux heures, nous quittons Hendaye, la dernière ville de France, pour arriver cinq minutes après à la douane espagnole de Irun.

— Où sont vos caisses ? me dit le señor administrador ?

— Les voici.

Moment critique ! pénibles émotions ! Pendant qu'on apporte les bagages sur les trétaux où l'on doit opérer la visite, nous entendons un bruit effroyables de verreries qui se brisent. C'est évidemment notre matériel photographique qui n'a pu résister aux manœuvres brutales des portefaix. Ma bonne étoile a voulu que nous en soyons quittes pour la peur ; les glaces brisées ne sont pas les nôtres. Fort bien ! mais comment les douaniers de la noble Castille se conduiront-ils avec notre attirail qui, semblable à l'obscurantisme, redoute la lumière ? Pluton, dieu des ténèbres, soyez avec nous ! — Je demande le señor administrador du la Aduana, auquel je présente une lettre d'un haut personnage qui le prie de respecter mes caisses photophobes.

— Montrez-moi celles dont le contenu redoute la lumière ?

— Ce sont celle-là.

— Les autres peuvent être ouvertes sans danger ?

— Assurément.

— Eh bien ! qu'on n'ouvre pas les premières, mais qu'on visite avec soin les secondes.

Aussitôt dit, aussitôt fait ; peut-être même un peu trop consciencieusement fait. Puisqu'on ne peut pas visiter toutes les caisses de ces voyageurs, au moins faut-il bien examiner celles que l'on peut ouvrir. En un instant, nos bagages sont déballés, retournés sens dessus dessous, bouleversés. C'est à ne plus s'y reconnaître. On dirait qu'un détachement de Prussiens a séjourné dans nos malles.

On n'y découvre rien qui soit sujet à une taxe.

— Vous paierez seulement, pour les caisses qu'on n'ouvre pas, le maximum de ce qu'elles peuvent contenir, et tout sera dit. Señores, passez au guichet !

Les droits acquittés, et avant de remonter en wagon, je me fais un devoir d'aller remercier le señor administrador de sa courtoisie et de la manière aimable avec laquelle il a répondu à la lettre de recommandation que je lui avais présentée.

— Je suis désolé, Monsieur, de ce qui vient d'arriver ; mais j'avais compris que vous désiriez qu'on visitât avec soin les colis qui ne renferment point de produits photographiques. Je vous en prie, tâchez de revenir bientôt à Irun : je serai très heureux de vous faire les honneurs de la Aduana.

— Très humble serviteur, señor administrador.

Et en wagon ! A trois heures de l'après-midi, nous arrivons à San-Sebastian, un peu tard pour voir une course de taureaux, mais assez tôt pour nous rassasier de mantilles.

III.

Ce qui nous fait renoncer à la contemplation de la nature, pour aller nous mêler à la danse.

L'*Hôtel Ingles*, où nous sommes descendus, est situé sur la promenade dite « Paseo de la Concha ». Nos fenêtres ont vue sur la mer. La mer est belle partout, belle même dans ses fureurs. Je ne l'ai jamais trouvée plus ravissante ailleurs, si ce n'est en Provence, dans la petite baie de Bandol. Au pied de notre balcon, à deux pas du quai, la plage. Sur la plage, pas un seul de ces maudits galets qui écorchent le pied du promeneur et le fond sans cesse trébucher : un sable blond pâle à reflets de diamant, fin comme le pollen des lys, doux au marcher comme le plus moëlleux tapis d'Orient. Sur ce sable, les élégantes maisonnettes des baigneurs, bariolées de bleu clair et de blanc. La baie, pendant toute la durée de notre séjour, n'a pas cessé un seul instant d'être calme et inondée d'une lumière plus pure et plus radieuse que celle de nos climats. La transparence des eaux était telle, que nous nous demandions si nos regards ne plongeaient pas jusqu'au fond de leur lit. A la marée montante, on eut dit que les vagues aux couleurs chatoyantes nous apportaient des monceaux de pierreries qui, avant de s'évanouir sur la plage, se transformaient en un long cordon d'écume, semblable à une riche passementerie d'argent. Puis, à l'horizon, entre deux collines diaprées d'arbres verts de toutes les nuances, depuis le vert sombre et presque noir jusqu'au vert émeraude et au vert doré, la mer sans fin, la mer immense. Sur la mer, de temps à autre, quelques voiliers que l'éloignement fait croire immobiles, et qui disparaissent peu à peu au milieu d'une atmosphère vaporeuse, viennent seuls animer le tableau majestueux qui se déroule devant nous.

Le désir de voir et l'humeur inquiète l'emportèrent enfin. Nous voyageons pour faire des études de mœurs; aux poètes et aux artistes seuls sont réservées les jouissances contemplatives auxquelles il nous semble qu'un secret devoir nous impose de nous arracher. Ce ne sont point les phénomènes de la nature inorganique que nous cherchons à approfondir; ce que nous essayons de sonder, c'est le cœur humain dans les manifestations de la vie sociale. Nous avons un plan en tête, des idées préconçues que nous voulons vérifier, des ignorances que nous avons l'ambition de voir s'amoindrir et se dissiper. En voyage, notre laboratoire est dans les rues, sur la place publique, dans les lieux de réunion populaire, dans les tavernes bien ou mal fréquentées, dans l'intérieur des familles si des circonstances favorables nous permettent d'y pénétrer.

C'est aujourd'hui dimanche, jour de fêtes et de ris. La jeunesse basque se livre aux réjouissances. Aux *Portas coloradas*, on chante, on danse et l'on s'amuse. L'air est aux ballets et aux chansons.

Les rues sont encombrées de promeneurs endimanchés. Tandis que dans presque toute l'Europe le costume local a disparu au grand désespoir des voyageurs, au contraire dans les pays Basques il s'est conservé suffisamment pour donner à la population une physionomie originale et pittoresque. Les hommes du peuple portent presque tous le *béret*, dont la couleur est le plus souvent d'un bleu foncé, bien qu'il y en ait de blancs et d'écarlates. Leur veste courte, ornée parfois de passementerie, est retenue au cou et aux poignets par d'élégantes agrafes ou par de gros boutons d'argent. La large ceinture appelée *zinta*, dont ils se ceignent les reins, est rouge ou violette, sauf en temps de deuil où sa couleur est noire. Des culottes courtes et à pont, en velours noir ou en drap, de grands bas de laine également noirs ou bruns, et une chaussure de cuir à boucles d'argent chez les plus riches, de simple corde chez les plus pauvres, complètent leur accoutrement national.

Les jeunes femmes, celles des classes moyennes surtout, ont conservé l'usage de la mantille qui leur sied à merveille ; les femmes âgées se coiffent avec un mouchoir noué sur le derrière de la tête. La robe courte devient, à ce qu'il paraît, de plus en plus rare; on voit cependant encore, dans les rues de San-Sebastian, quelques-uns de ces petis jupons rouges, qui ont été conservés par les paysannes du Guipuzcoa. Un petit châle, rejeté avec coquetterie sur l'épaule, entre également dans la toilette habituelle des Basquaises.

Pendant que nous cheminons du côté des Portas Coloradas, nous apercevons un premier attroupement. Ce sont des Basques qui jouent à la « pelote », sorte de jeu de paume national. Un peu plus loin, nous arrivons à percer une foule compacte et nous nous trouvons en présence d'un bal organisé en plein vent. Sur un tréteau, trois musiciens s'efforcent de dominer le bruit par les accents un peu criards de leurs instruments à cordes. On nous dit que l'on danse le *Mutchiko ;* les acteurs de ce ballet exécutent toutes sortes de figures avec une gravité et un aplomb imperturbables. Ceux qui, pour l'instant, n'ont point de rôle dans la scène, se tiennent à l'entour des danseurs, pour les préserver de la foule assez disposée à leur disputer le terrain; d'autres sont attablés et boivent du *pittara*, sorte de cidre du pays.

Les danseurs sont répartis par groupe de deux personnes, qui n'ont point l'air de se préoccuper des autres groupes qui les environnent. Par moment, l'homme demeure immobile, et la femme tourne autour de lui en lui faisant quelques petites agaceries. Sur ces entrefaites, un vieux bonhomme pénètre au milieu d'eux et se livre à une sorte de pantomime qui vient les interrompre dans leurs élans passionnés. Cet intrus ne tarde cependant pas à se retirer, et le jeune couple peut de nouveau se livrer tranquillement à ses joyeux ébats. On m'a assuré que cette danse, fort ancienne chez les Basques, simulait les révolutions des planètes. Le jeune homme y représente le Soleil, un instant caché par une éclipse de lune, à la suite de laquelle la Terre, figurée par la jeune fille, revoit avec plus de bonheur que jamais l'astre radieux, objet de sa recherche et de son amour. Puis la scène se transforme : les hommes s'amusent entre eux, les femmes dansent seules. Y a-t-il brouille parmi les astres ? Personne n'a pu nous le dire. La seule chose certaine, c'est que les Basques sont grands amateurs de ballets, et je commence à croire que, dans ses *Amitiez, amours et amourettes*, Le Pays n'a pas menti quand il a dit qu'au pays Basque « un enfant y sçait danser àvant de sçavoir appeler son papa ny sa nourrice ».

Voici l'Angelus qui sonne, la nuit approche ; on chante encore. Nous n'avons plus d'oreilles. Il est temps de rentrer à l'hôtel. Allons donc goûter à cette fameuse cuisine espagnole dont on nous a tant parlé. Nous ferons ensuite une petite promenade nocturne, et nous rentrerons nous fourrer dans les sacs dont nous nous sommes munis pour affronter le repos sur les lits des fondas espagnoles.

Le dîner qu'on nous sert est excellent, les vins généreux ; la table est d'une propreté irréprochable, le service ne laisse rien à désirer.

— Patience ! me dit mon compagnon, nous sommes à peine en Espagne. Saint-Sébastien, c'est encore la France. Vous verrez plus tard.

— Soit. Mais pour le moment, bien plutôt que de nous plaindre, chantons un peu ce court refrain que j'ai lu naguère dans je ne sais plus quelle anthologie :

La, la, la, la, la, la, la, leu !
Mementono bat egon gaiten.
— La, la, la, la, la, la, la, lu !
Oraino untsa guituçu.

La, la, la, la, la, la, la, leu !
Restons un moment dans ces lieux.
La, la, la, la, la, la, la, lu !
Jusqu'à présent nous nous y trouvons bien.

Il ne nous a manqué, en somme, qu'une bonne bouteille de Jurançon. Il paraît que ce scélérat d'Henri IV n'en a pas laissé.

IV.

Où l'on voit qu'en voulant faire de la trigonométrie anthropologique, on est réduit à chercher des informations chez une diseuse de bonne aventure.

Je suis parti, je dois l'avouer, avec cette notion un peu confuse dans mon esprit, que, chez les Basques, la formule qui sert de base à la détermination de l'angle alvéolo-condylien était représentée par θ — 2. 29, α — 2. 47, l'angle bi-orbitaire se trouvant de deux fois sa moitié ρ, soit 2 ρ, résultante 44. 66 ; tandis que cette formule offrait les données θ, 7. 47 ; α, 13. 37 ; 2, ρ, 114, 30 chez les veaux de trois mois, et θ, 8. 22, α, 32. 33 et 2 ρ 151. 86. chez les petits lapins. Nous avions l'intention de nous assurer de l'exactitude de ces calculs, et de marquer, avec l'innocent crayon dermographique, sur la face de tous les Basques et de toutes les Basquaises, qui voudraient bien nous le permettre, un trait horizontal au niveau de la partie moyenne d'un fil tendu sur la ligne sourcilière dont les extrémités vont passer, sur chaque côté du front, immédiatement au-dessus de l'apophyse orbitaire externe. Nous nous proposions enfin de faire toutes les expériences qu'on enseigne pour la caractérisation trigonométrico-céphalométrique des races humaines. Les sujets que nous avons rencontrés ne se sont pas prêtés de bonne grâce aux soixante-quatre mesures que nous avions l'intention d'opérer tout doucement sur leur crâne; de façon que nous n'avons pu éclaircir nos idées au sujet des mensurations anthropologiques appliquées aux habitants de la province de Guipuzcoa.

On aurait tort cependant de nous reprocher de n'avoir pas bien examiné les Basques et les Basquaises. Dès notre première promenade aux Portas coloradas, nous nous sommes mis en devoir d'ouvrir les yeux aussi grands que possible et de dévisager honnêtement les passants. En fait de types, là comme ailleurs, nous en avons trouvé de toutes les sortes.

Les naturalistes prétendent que les croisements, dans la race Euskarienne, ont été relativement fort rares, et que cette race est une de celles qui se sont conservées le plus pur en Europe. Il n'en est pas moins vrai qu'il est fort difficile, pour ne pas dire impossible, de définir les particularités qui la caractérisent. Les descriptions qu'on en a données sont aussi contradictoires que possible. M. Cenac-Moncaut dit que leur visage est rond. M. Garat dit qu'il est ovale. Nous en avons vu de ronds et puis d'autres d'ovales, des têtes globulaires en forme de pois et des têtes allongées avec un menton crochu, en forme de fève de marais. Suivant Broca, leur taille est petite et trapue; suivant le colonel Napier, elle est haute. Nous en avons rencontré de toutes les grandeurs. (Moyenne des hautes tailles : $1^m\ 76^c$.). Leur nez, suivant ce dernier, est aquilin. M. Moreau de Jonnès le trouve effilé, et le baron de Belloguet décide qu'il est « assez fortement déprimé à la racine, se vousse immédiatement et se courbe ensuite, la pointe ordinairement dirigée en ligne verticale vers la bouche, quelquefois aussi se portant droit en avant ». Cette singulière description s'appliquait à merveille à un vieux matelot

Basque que nous rencontrions souvent près de notre hôtel, assis sur la margelle du quai et fumant sans discontinuer une grosse pipe de terre brune, dont le tuyau fort court, probablement brisé par accident, était tout à fait imperceptible. En dehors de ce brave homme, nous n'avons pas remarqué plus de nez crochus à Saint-Sébastien qu'à Florence ou à Dunkerque. La manie de décrire des types dans l'espèce humaine peut conduire assez loin ; et plus on veut se préoccuper des détails, plus on se livre à des observations scientifiques et minutieuses, plus on frise la fantaisie, pour ne pas dire autre chose. Tout ce qu'on peut rapporter c'est que, chez les Basques, on remarque assez fréquemment de beaux hommes à la taille haute, aux traits mâles, nerveux et fortement accentués, au nez saillant, parfois fin et délié, aux épaules larges et carrées, à la taille élancée, aux jambes remarquables par des mollets gracieusement contournés et par des pieds longs et bien cambrés. En fait de jolies femmes, il y en a pour le moins autant qu'en Andalousie. L'aspect des vieillards n'a rien de repoussant; celui des vieilles femmes ne déparerait pas la plus belle scène de lady Macbeth.

Juan Rugoni, notre maître d'hôtel, m'offre de me faire visiter un intérieur basque. Je me laisse conduire au travers de petites rues étroites et écartées des grandes voies de communication. Il s'arrête à une petite porte de maigre apparence, qu'un coup de marteau nous fait ouvrir, et nous montons au second étage. La première pièce dans laquelle nous entrons est une cuisine. On se croirait au village ; car, dans les villages basques, la cuisine tient lieu de salon ; c'est la plus belle pièce du logis. La cloison qui la sépare de la chambre où nous sommes réunis n'a guère que trois pieds de haut, de sorte que la ménagère peut causer avec ses visiteurs tout en continuant à récurer ses casseroles. Deux jeunes femmes sont attablées devant un guéridon, au milieu duquel une petite lampe à huile brûle en fumant et en exhalant son parfum. Sur la table sont disposées symétriquement huit cartes à jouer, que la plus âgée transpose à plusieurs reprises en les examinant chaque fois avec une attention scrupuleuse. La maîtresse du logis n'a pas quitté son fourneau, et c'est à peine si elle a l'air de s'apercevoir de notre présence ; elle se met à laver sa vaisselle en poussant de petits grognements plaintifs qui finissent par m'impatienter quelque peu. La diseuse de bonne aventure, sans oser nous l'avouer, maudit certainement le trouble que nous sommes venus apporter dans ses opérations pythoniques. L'autre jeune femme, qui n'est peut-être pas plus satisfaite de notre présence, se décide cependant à engager la conversation avec Rugoni. Elle me demande ensuite si les dames françaises ont foi dans les cartes. Sur ma réponse affirmative, elle devient plus expansive et se décide à nous raconter son histoire. Originaire du Zumaya, elle ne compte que des Basques dans sa famille. Ses parents, n'ayant point de fortune, elle dut quitter fort jeune son pays natal, et vint à San-Sebastian chercher des pesetas au bout de son aiguille. Un jour qu'elle s'était attardée à la danse, un jeune et beau gars de Tolosa lui offrit son bras pour la reconduire chez elle; elle accepta, et, le lendemain matin, il lui promit de l'épouser. Par malheur advint l'insurrection de Don Carlos. Son promis fut enrôlé et disparut dans une bagarre. Depuis lors, nul n'a reçu de ses nouvelles. Elle est convaincue cependant qu'elle le reverra bientôt : les cartes lui annoncent sans cesse son prochain retour, et aucune fois elles n'ont menti. Lui ayant dit, par mégarde, qu'elle était Espagnole, sa physionomie se troubla ; avec l'accent du reproche, elle me répondit d'un ton hautain :

— Je croyais vous avoir appris que j'étais Basquaise : il n'y a pas d'Espagnols dans ma famille.

Un Espagnol, c'était pour elle un étranger ; les Castilles ne sont pas son pays : « *Azerri, otserri* », « pays étranger, pays de loups ! », comme dit le proverbe.

J'ai essayé les jours suivants de savoir dans quelle mesure les Basques avaient le sentiment de leur autonomie. Ce sentiment m'a paru faible ; néanmoins il existe. Il existe à l'état latent, je le veux bien, mais d'une façon qui laisse penser qu'il faudrait peu de choses pour lui donner vigueur et avenir. Verra-t-on jamais une nationalité euskarienne se constituer sur les deux versants des Pyrénées ? Je l'ignore. M'est avis cependant que si l'instruction était plus répandue dans le pays, il pourrait bien s'y manifester les symptômes précurseurs de la régénérescence des états et des peuples. Pourquoi les Vascons n'auraient-ils pas, un jour, comme les Araucaniens, leur Antoine-Orlic Ier.

V

Les zigzags qu'il nous faut faire pour toucher au pays Basque par les deux bouts.

L'origine des Basques, leurs migrations, leur place dans la classification ethnographique des populations de l'Europe, ont donné naissance aux théories les plus diverses, aux systèmes les plus singuliers, parfois même les plus baroques. Sur un seul point, on s'est mis à peu près d'accord : on considère la race Euskarienne comme une de ces races primitives qui occupaient l'Europe aux époques préhistoriques. Les Aquitains, les Ibères et les Ligures de l'antiquité ne seraient que des rameaux de la famille Basque, anciennement répandue dans une grande partie de la France, de l'Espagne et de l'Italie, d'où elle aurait été chassée par l'élément Celte et Latin. Passe encore si l'on s'était arrêté là dans le champ des hypothèses. Frappés de la dissemblance profonde qui existe entre la langue Basque et les langues aryennes et sémitiques, les savants en ont conclu que le peuple qui parlait cet idiome bizarre et hétérogène devait être un peuple absolument étranger au reste du monde.

Mais d'où pouvait venir ce peuple énigmatique? Singulière question, singulière idée que de se demander toujours d'où provient un peuple quelconque. Voltaire a dit, si j'ai bonne mémoire, que Dieu, qui a créé des mouches partout, avait bien pu créer aussi des hommes partout.

Quoi qu'il en soit de cette plaisanterie, à laquelle il y aurait peut-être bien des choses à répondre, il est certain que la sagesse, la prudence, la vraie méthode scientifique s'opposent à tout ce dévergondage d'hypothèses dont on fait, à notre époque surtout, le plus déplorable abus. Tant que des faits certains, des données solidement établies ne viendront pas nous apporter un contingent d'informations qui nous manque, il faut considérer les Basques comme la population autochtone de la région qu'ils occupent aujourd'hui, et remettre à plus tard toute théorie sur leur berceau lointain et leurs migrations primitives. Quelques affinités linguistiques très insuffisantes ont suggéré l'idée qu'ils pourraient bien se rattacher à la famille des Berbères ou à celle des Finnois. Les philologues auront fort à faire, avant qu'une telle doctrine ne soit définitivement adoptée.

Même dans l'état actuel, les limites ethnographiques du pays Basque donnent lieu à d'assez importantes controverses. Berghaus étend le domaine euskarien au-delà de Pampelune à l'est, d'Estella et de Vitoria au sud. M. Vinson, au contraire, place ces villes en dehors des limites de la langue basque, et je crois qu'il a raison contre le célèbre ethnographe allemand. L'un et l'autre admettent pour frontière occidentale Bilbao et Portugalete.

La nuit était déjà très avancée ; la population de San-Sébastian se livrait au repos ; sur le balcon de notre hôtel, on n'entendait plus d'autre bruit que celui de la vague venant échouer sur le sable. Tout en discutant le grand problème ethnique de la population Basque, la conversation s'engagea sur la suite à donner à notre itinéraire. Puisque nous voulons voir le pays Basque à ses deux bouts, demain matin nous partirons pour Pampelune, et de là nous irons à Bilbao. Affaire convenue.

Le lendemain matin, en effet, nous quittions San-Sebastian, pour nous rendre à Alsasua, et ensuite à Pamplona.

Alsasua est un grand et beau village, situé à un kilomètre de la gare du chemin de fer. Les rues sont larges et fort irrégulièrement bâties, ce qui ne nuit en rien, tant s'en faut, à leur aspect pittoresque. C'est une singulière dépravation du goût qui nous fait croire aujourd'hui que les rues d'une ville ne sont belles qu'autant qu'elles sont droites, et entrecoupées les unes les autres à angle de quarante-cinq dégrés. Cet amour de la géométrie retire toute poésie à nos cités modernes. La jeunesse parisienne a perdu le type si romanesque de l'étudiant d'autrefois, depuis qu'on a détruit le quartier Latin. Les grandes artères qu'on a multipliées dans Paris, sous prétexte d'assainissement, avaient bien plutôt pour but d'ouvrir des routes stratégiques à l'effet de maintenir le peuple sous le joug du sabre. Il est évident que des rues bien entretenues sont plus saines que des rues mal propres. On n'ignore pas cependant, comme l'a très bien exposé le Dr Collin, dans son *Traité des fièvres intermittentes* (pag. 77 et suiv.), que les maladies miasmatiques sont plus fréquentes et plus dangereuses dans les localités où les habitations ne sont pas contiguës, et que les quartiers les plus salubres sont situés au centre des villes où la population est le plus dense. Quoi qu'il en soit, je ne vois pas la nécessité, si l'édilité exige des rues larges, qu'elles soient absolument tirées au cordeau, et que toutes les maisons se ressemblent. La rue de Rivoli, avec sa longue suite d'arcades, ne manque pas d'originalité grandiose; elle me plaît surtout lorsqu'il fait mauvais temps, parce qu'elle me dispense de tenir un parapluie à la main. Il a fallu cependant renoncer à achever la rue sur le même plan, et on a eu le talent de détruire ce qu'il y avait d'assez bien réussi dans sa régularité, sans lui donner en dédommagement quelque chose de varié, d'agréable et d'artistique. On a commencé par une voie royale, on a terminé par une pauvre contrefaçon des rues commerçantes de la Cité de Londres. Je préfère donc les rues informes et quelques peu boueuses d'Alsasua, à la splendeur bâtarde de la rue de Rivoli ; et comme, sur ce sujet, il s'agit de goût et de couleurs, je ne suis pas disposé à admettre la discussion.

D'ailleurs, Alsasua me semble un endroit fort gai, et je ne serais pas Français si je ne prisais la gaieté. A l'intersection des principales rues, on a improvisé de petites places, au milieu desquelles se trouve une fontaine qui n'a d'autre prétention que de donner de l'eau claire aux habitants. Les muchachos, les muchachas, les poules, les chèvres et d'innombrables petits cochons, y prennent joyeusement leurs ébats.

La population paraît prospère et contente de son sort : nous n'y avons rencontré qu'un seul mendiant, et Alsasua est en Espagne ! Hommes et femmes se livrent avec activité aux travaux de la campagne. Des attelages de deux bœufs, traînant un chariot supporté par deux roues massives, construites d'une seule pièce de bois, parcourent lentement les avenues, sur le côté desquelles on aperçoit çà et là de vieux arbres au tronc énorme et à la base noueuse. Des montagnes, détachées de la chaîne des Pyrénées, forment l'encadrement de ce riant tableau.

Les femmes du village portent des

jupes courtes qui laissent voir leurs jambes et leurs pieds nus : la chaussure n'y apparaît qu'à l'état de rare exception. Comme leurs enfants, elles paraissent affectionner les tissus roses foncés ou rouge clair.

Sur quelques habitations de paysans et même au-dessus de simples granges, on remarque de vieilles armoiries sculptées dans la pierre noircie par le temps.

Nous avons rencontré à Alsasua plusieurs cafés et un magasin de « Nouveautés » de modeste apparence. Cela n'empêche pas les coquettes Alsasuennes de s'arrêter un long temps pour contempler, par les petits carreaux de la devanture, les récents arrivages et les toilettes confectionnées suivant la dernière mode. Ce qui paraît surtout leur causer une vive émotion, c'est une gigantesque crinoline venant de Paris, très-probablement par la petite vitesse.

Notre promenade terminée, nous retournons à la gare où nous déjeunons, sinon mieux, du moins plus facilement qu'à Alsasua.

Puis nous remontons en wagon, et nous voilà à Pampelune.

A la « Fonda de Europa », nous ne pouvons obtenir qu'une chambre pour trois, et quelle chambre, bon Dieu ! Il n'y a plus à dire : nous sommes tout à fait en Espagne.

Quand on est mal logé à l'hôtel, on ne reste pas longtemps au logis. En un clin d'œil, nous voilà dehors. Nos pas nous conduisent sur les remparts ; mais bientôt nous nous trouvons entourés d'une myriade de veaux, de bœufs et de taureaux. Impossible d'arriver à sortir de cette foule mugissante aux longues cornes; de tous côtés le passage est barré, et nous n'avons pas encore eu l'occasion d'étudier la manière de faire des toréadorès.

Décidément on est pas toujours à son aise sur le plancher des vaches. Sur un signal du bouvier, un gros chien à la toilette fort négligée et à la mine peu rassurante court vers nous en aboyant. Par bonheur, ce n'est pas aux chrétiens qu'il en veut ; le troupeau se resserre, et nous permet de nous esquiver. On n'a pas besoin de nous le dire deux fois.

Rentrés dans le cœur de la ville, nous parcourons des rues dont l'aspect est assez original. Les maisons ont une toiture avancée qui déborde de plusieurs pieds sur la voie publique ; la plupart des fenêtres donnent sur des balcons et sont garanties des rayons du soleil par de larges stores de toile blanche. Çà et là, on aperçoit des *miradorès*, sortes de cages vitrées qui ressemblent à de petites serres d'appartement. Comme à Alsasua, beaucoup d'habitations portent encore sculptées dans la pierre, les insignes du seigneur qui les a fait construire, ou auquel elles ont appartenu. Quelques Christs ou des Madones, noircis et poudreux, reposent dans des niches de plâtre, devant lesquelles sont suspendues de petites lampes ou des chandelles, pour les illuminer les jours de fêtes.

Pampelune ne doit plus être considérée comme une ville basque, malgré son ancien nom de « Iruña ». On sent cependant que les Espagnols y sont des étrangers, presque des intrus. De tous côtés, on aperçoit les types vascons les plus aisément reconnaissables ; et, s'il est vrai que dans la société on parle castillan, il n'est pas moins certain que chez le petit peuple, dans les tavernes et les cabarets, par exemple, on entend gazouiller l'euskarien.

Autant les villageois d'Alsasua nous ont paru heureux et contents, autant les villois de Pampelune nous ont semblé mornes et tristes. Partout, on ne voyait que des gens occupés à bailler. C'est une maladie contagieuse, comme l'on sait. Il me semble qu'aujourd'hui encore, je ne puis m'empêcher de bâiller en y songeant.

Décidés à ne pas demeurer longtemps dans cette résidence monotone, nous voulons profiter le mieux possible de nos instants. Guide du voyageur en main, nous allons visiter l'une après l'autre les principales curiosités de la ville : la « Casa Municipal » ou Hôtel de Ville, « Nra Señora del Sagrario », cathédrale de Pampelune, le cloître de cette même église, renommé par sa charmante architecture, enfin la « Salle précieuse ». Puis nous retournons à notre fonda, pour voir si le dîner sera tolérable.

Courage, les amis ! nous ne sommes probablement pas à bout de nos peines, et il serait un peu trop tôt de faire déjà la petite bouche.

Pour arriver à digérer tant bien que mal notre modeste repas, nous nous décidons à faire une promenade nocturne dans la ville. Les rues sont obscures ; les boutiques, sauf quelques rares cabarets, sont fermées, et bientôt nous nous trouvons perdus du côté des remparts, au milieu d'une profonde obscurité. Après une heure de tours et de détours, nous finissons par regagner à tâtons notre chère fonda, où nous trouvons sur une table une énigme (*jeroglifico*) qui a vraiment l'air d'avoir été imaginée pour nous :

Aussi l'avons-nous de suite devinée : « Rien n'est clair dans la nuit obscure. »

Nous ne nous déshabillerons pas : il

nous suffira de nous jeter un moment sur les lits de notre chambre commune. Le temps passera vite, car nous partons pour Bilbao, demain à quatre heures du matin.

VI

Comment nous terminons notre pérégrination sur le territoire Euskarien.

Pour gagner Bilbao, il faut revenir sur nos pas. C'est peu de notre goût. Mais qu'importe : nous sommes en chemin de fer, et comme nous avons passé la nuit blanche à Pampelune, pour peu que nous ayons la bonne chance de tomber dans un compartiment vide, nous ferons quelques heures d'excursion dans le pays des rêves. C'est un pays, en général, plus intéressant que ceux que traversent les vulgaires touristes. Pour ma part, la région que j'ai parcourue en dormant était tellement curieuse, que je ne me suis pas aperçu d'un arrêt assez long de notre train à Alsasua.

La route que suivent les locomotives dans la direction de Bilbao, après avoir franchi la bifurcation de Miranda, est certainement une des plus pittoresques de l'Espagne. En escaladant les montagnes, sur la célèbre « Rampe de Orduña », on se trouve sans cesse en présence des panoramas les plus charmants et les plus variés. Cette rampe célèbre rappelle, à plus d'un égard, celle de Pistoia, qu'il faut gravir avant de gagner Florence.

A la nuit tombante, nous arrivons à la gare de Bilbao. Une foule de Basques, jeunes et vieux, se jettent à l'envi sur nos bagages, dont ils cherchent à s'emparer en faveur d'une Fonda quelconque pour laquelle ils sont commissionnés.

Nous demandons, d'après les conseils de notre Guide, à descendre à « l'Hôtel d'Angleterre ». Un de nos Basques se déclare agent de cet hôtel ; les autres, faisant chorus, l'accusent bruyamment d'imposture et le bousculent avec fureur.

Nous sortons difficilement de la bagarre, où pleuvent les coups de pied et les coups de poing. La police vient enfin à notre secours, en administrant de la trique, à droite et à gauche, aux commissionnaires trop zélés, et, non sans peine, nous dégage de leurs étreintes. Un agent nous indique enfin le véritable représentant de l'Hôtel d'Angleterre. Deux ou trois gamins, pour lui avoir donné un démenti, reçoivent à leur tour quelques coups de bâton et s'enfuient pour revenir un moment après.

Le représentant reconnu de l'hôtel que nous avons choisi nous déclare qu'il n'est pas possible d'avoir de voiture, charge une partie de nos bagages sur son épaule, une autre partie sur le dos d'un confrère, et, nous laissant le reste en mains, nous prie de le suivre.

— L'hôtel d'Angleterre, nous dit-il, est seulement à *dos minutas*.

— Soit, pour deux minutes.

Nous le suivons donc. La police marche ensuite. Le cortège se termine par les Basques qui se sont rossés tout à l'heure et qui, se tenant à quatre pas en arrière, persistent, malgré la trique dont on ne leur fait pas grâce, à nous crier à tue-tête qu'on nous trompe, et que nous n'allons pas à l'hôtel d'Angleterre. Voyant la confiance que nous faisons mine d'accorder à notre agent, ils nous abandonnent peu à peu en traînards, et, à notre arrivée, leur foule a complètement disparu.

On nous installe dans des chambres propres et assez grandes. Après un repas médiocre, nous faisons une petite tournée nocturne dans la ville. Puis, un peu fatigués de la journée et surtout de la veille, nous remettons au lendemain les affaires sérieuses.

La ville de Bilbao, située sur l'Ansa, à peu de distance de la mer, est la capitale de la seigneurie de Biscaye (Señorio de Viscaya), l'une des trois provinces qui constituent le pays Basque. Ces trois provinces, dit Antonio de Trueba, chroniqueur de cette seigneurie, « sont nom-« mées sœurs par l'identité de leur race, « de leur langue, de leur géographie, de « leurs coutumes, de leurs libertés et de « leur histoire ». La superficie de la Biscaye est d'environ soixante-dix lieues carrées.

On y compte, dit le même chroniqueur, cent vingt-cinq pueblos ou « républiques », comprenant vingt villes et une cité. La population d'environ 200,000 âmes, a pour langue dominante le Basque, « reste précieux de l'antique idiome Ibérique ». A Orduña, mentionnée par M. Vinson et par la plupart des autres ethnographes comme une localité de langue basque, cette langue a été remplacée, dans ces derniers temps, par le castillan.

Le climat de la Biscaye est très sain. Les hivers y sont d'ordinaire fort doux, et il est bien rare qu'on y voie de la gelée. Les pluies y sont fréquentes et le ciel est presque toujours chargé de nuages. La culture des orangers et des citronniers, qui appartient généralement à des zones plus méridionales, y réussit d'une façon satisfaisante.

On croit que le nom de *Viscaya*, forme locale de celui de la Biscaye, appartient au vieil idiome euskarien ou basque, et signifie « la Région des Monts élevés ». Aucune dénomination, en tout cas, ne pourrait mieux convenir à ce pays, formé par de hautes montagnes et de profondes vallées, au milieu desquelles s'étendent des plaines d'une étonnante fertilité. La population Basque, enfin, est essentiellement une population de montagnards, ce qui ne l'empêche pas de posséder en même temps de remarquables aptitudes pour la navigation maritime.

Faute de pouvoir nous livrer à des mensurations de crânes et d'ossements basques, nous avons pensé que le mieux à faire, pour des ethnographes, était de se mettre en rapport avec les habitants du pays, et de chercher à connaître leur sentiment sur eux-mêmes. D'heureuses circonstances ont favorisé nos desseins, et certaines idées que nous avions déjà pressenties à San-Sebastian, se sont, à Bilbao, définitivement formulées dans notre esprit.

Le Basque, en tant qu'individu, est plein d'énergie et de vigueur ; en tant que nation, il est faible et indolent. Faut-il en conclure, avec Garat, que « les temps sont venus où les Basques doivent finir » ? Je ne le crois pas, et je suis convaincu qu'il existe encore, chez les Euskariens, quelques-unes de ces qualités essentielles qui suffisent pour sauver un peuple, ou du moins, pour lui rendre possible la renaissance. De ces qualités, la plus puissante, la plus protectrice contre la destruction, c'est le sentiment de la *nationalité*, c'est la communauté d'instincts, de goûts, d'idées, sans laquelle, faute de cohésion, les éléments ethniques se désagrègent et vont se fondre et s'anéantir dans des éléments ethniques étrangers.

La notion de la « nationalité » se substitue de jour en jour, chez les nations civilisées, comme une notion supérieure, à celle de « patrie ». La première est le résultat d'un travail intellectuel, toujours réfléchi, continu, progressif. La seconde a été la résultante de l'instinct de conservation de la famille et du foyer. L'une est l'apanage des nations maîtresses de leurs actes; l'autre appartient aux peuples ou peuplades habitués à l'obéissance passive et à l'abnégation. Ces deux notions peuvent, à notre époque, être considérées comme caractéristiques du niveau intellectuel chez toutes les associations d'hommes qui sont sorties des langes de la barbarie. L'une et l'autre devront nécessairement disparaître un jour devant une conception plus haute, que le christianisme a formulé dans son langage métaphorique, mais que la civilisation moderne est encore impuissante à réaliser : « Vous n'avez qu'un père au Ciel, vous ne formerez qu'une seule famille sur la terre. » C'est d'ailleurs le but même que poursuit, dans la plus haute phase de ses études, la science de l'ethnographie, quand elle dit des hommes : « Corpore diversi sed mentis lumine fratres. »

On ne saurait contester aux Basques un certain sentiment de la patrie ; mais ce sentiment est vague, et cela par une excellente raison, c'est qu'ils savent bien qu'ils ne sont ni Espagnols ni Français, et qu'on leur enseigne que leur patrie est, aux uns l'Espagne, et aux autres la France. La pensée religieuse, assez profondément enracinée dans leur cœur, fortifie ce qu'ils peuvent avoir de patriotisme ; ils doivent être fidèles à Dieu et au Roy : au dieu dont on leur enseigne l'existence dans les églises, au roy qui s'appelle Don Carlos pendant l'invasion du prétendant, ou bien Alphonse XII, aussitôt que le premier a quitté le pays et abandonné la place au second.

Quand au sentiment supérieur de la nationalité, c'est à peine si l'on peut en découvrir de faibles vestiges, même chez les Basques les plus instruits, les plus éclairés.

Quelques-uns d'entre eux se préoccupent bien de réunir les documents relatifs à l'histoire ancienne de leur pays ; mais le travail auquel ils se livrent n'a pour mobile qu'un intérêt de clocher, joint au besoin de faire acte d'homme de lettres. Il leur vient diffiicilement la pensée de chercher, dans les vieux papiers de leurs archives, des témoignages du génie de leur nation, des souvenirs de la valeur des hommes distingués qui ont vécu au temps de leurs pères, des titres enfin de nature à établir leurs droits à l'autonomie, si non à l'indépendance. Leur attitude insouciante sur tout ce qui pourrait préparer à leurs compatriotes une place libre au soleil de la civilisation, est le signal de l'acte d'abdication qu'ils se préparent à signer sans en avoir conscience.

La meilleure manière d'apprécier la période ethnique où se trouvent les Basques, me paraît être de comparer à leur état intellectuel celui des autres peuples qui, en ce moment, se trouvent comme eux en face de la terrible question d'Hamlet, « être ou ne pas être » : les Magyars qui, après de longues années de lutte, font reconnaître leur autonomie par un des grands empires de l'Europe et viennent apporter un poids très lourd dans la balance de ses destinées ; les Finnois qui, soumis au plus puissant autocrate du monde, ont su obtenir une organisation politique à peu près indépendante, et qui travaillent lentement, mais non sans mérite, à prouver les affinités de leur race avec d'innombrables peuples ou peuplades vivant dans la barbarie, bien loin au-delà de leurs frontières ; les Grecs, qui savent merveilleusement profiter des circonstances pour étendre leur domaine partout où vivent des populations helléniques ; les Roumains, qui ont établi leur parenté avec les habitants de la Transylvanie et de quelques notables portions de la Russie, de la Macédoine et de l'Épire ; les Polonais, qui promènent leurs revendications nationales par le monde et les rappellent par de violentes insurrections sporadiques; les Arméniens, qui, fatigués d'un trop long asservissement, ne savent plus guère qu'aspirer à changer de maître, mais chez lesquels on voit cependant le désir de survivre au moins par les productions de leur littérature ; les Serbes, qui cherchent comment justifier leur existence politique indépendante ; les Bulgares, qui ne comprennent rien à leur avenir comme nation et ne savent pas distinguer, dans les luttes engagées pour eux, leurs alliés de leurs ennemis ; voilà autant de situations différentes sur lesquelles l'ethnographe est appelé à méditer.

En ce qui concerne les Basques, je serais assez porté à les placer, dans l'énumération que je viens de faire, entre les

Arméniens et les Bulgares. — Un homme seul, de leur nation, suffirait pour les sauver. Cet homme se rencontrera-t-il un jour ? On ne peut guère l'espérer pour eux.

VII

Fabio nous donne la preuve que conseilleurs et conseillés sont parfois tous les deux les payeurs.

A huit heures quarante du matin, nous quittons Bilbao, notre dernière station au pays Basque, et nous revenons sur nos pas pour gagner la ligne ferrée qui conduit au cœur de l'Espagne. Autant le passage de la rampe d'Orduña nous avait paru riant et pittoresque, autant cette fois il nous a semblé monotone et fastidieux. Il y a des sites qu'il ne faut voir qu'un instant et une seule fois, si on ne veut perdre le charme de l'impression première. Il faut dire que les longs et fréquents arrêts du train sont bien faits pour impatienter les voyageurs les moins pressés et les moins nerveux.

A Miranda, où nous prenons un assez médiocre déjeuner, il nous faut attendre plusieurs heures les wagons qui conduisent à Burgos !

A la station de Santa Olalla, nouvelle perte de temps.

Le train est arrêté déjà depuis près de deux heures, et personne ne semble en connaître le motif. Les récents accidents sur la ligne d'Alsasua, la rencontre de deux locomotives arrivée la veille, dont on énumère les détails avec animation sur le quai, donnent lieu à des hypothèses peu réjouissantes. Bon nombre de voyageurs castillans m'ont l'air de s'amuser à s'effrayer réciproquement sur les dangers que nous courons. Tant que nous sommes à terre, dans la gare, ces dangers me paraissent un peu imaginaires. Mais qui sait ce qui peut se passer dans ce pays de surprises? Nous serons peut-être condamnés à nous endormir en plein vent, et qui pis est, à nous endormir sans souper ; car les seuls marchands que nous rencontrons ne vendent que des verres d'eau..... bien claire. C'est déjà quelque chose.

Enfin nous finissons par apprendre le motif de notre interminable arrêt. Le chef de gare avait jugé à propos de démonter, le matin, son appareil télégraphique, et oublié de rétablir la communication avec les fils ; de sorte qu'il s'évertuait, depuis plusieurs heures, à expédier des dépêches aux gares voisines, pour s'assurer si la voie était libre ; et, comme on ne lui envoyait pas de réponse, il se trouvait dans la plus grande perplexité. Fatigué de faire inutilement tourner sa manette, l'honnête fonctionnaire finit par se décider à expédier à pied un employé à la station suivante, pour savoir à quoi s'en tenir. Au retour du brave homme, qui lui assura qu'il n'était arrivé aucune dépêche, il lui vint à l'idée de rattacher les fils de son appareil.

En quelques minutes, l'accident est réparé, les communications se trouvent rétablies, et on nous invite poliment à remonter dans nos voitures. Nous en avons été quittes pour deux heures et demie de retard.

A neuf heures du soir, nous arrivons enfin à Burgos. Ne sachant où descendre de préférence, nous prononçons à tout hasard le nom du premier hôtel venu. Un petit homme, mince et fluet, à l'œil vif et aux cheveux d'un noir d'ébène, revêtu d'un costume fantaisiste qui rappelle en même temps celui de Figaro et celui d'un torréador, saisit notre parole au vent, s'empare adroitement d'un de nos colis, et, en nous invitant à le suivre, nous conduit à un omnibus qui porte le nom de l'hôtel que nous avons désigné. C'est, d'ailleurs, le seul qui ait une voiture à la gare ; et, seulement en route, on nous apprend que cet omnibus fait aussi le service pour les autres fondas de la localité. Presque tous les voyageurs qui sont arrivés avec nous à Burgos montent, en effet, dans le même véhicule.

Chemin faisant, un Français, qui nous reconnaît pour des compatriotes, nous demande dans quel hôtel nous avons l'intention de descendre.

— Nous avons indiqué à tout hasard la *Fonda de la Rafaela*, lui répondis-je. Le hasard nous a-t-il bien servi ?

— Malheureusement non, Monsieur ; c'est un affreux bouge, où vous serez couché aussi salement que possible, et dans lequel on vous servira une nourriture détestable.

— Que faire maintenant que nous avons désigné « la Rafaëla » ?

—Cela est bien simple : appeler le cocher et lui dire que vous avez changé d'avis, et que vous voulez loger à l'*Hôtel del Norte*.

Fabio, — c'est ainsi que nous appelions le petit personnage qui nous avait entraînés dans l'omnibus, assis à côté du cocher, avait laissé pendre son corps en arrière, de façon à braquer son oreille sur le haut d'une des fenêtres de l'omnibus, d'où il pouvait suivre de point en point notre conversation. En un instant, avant que nous ayons eu le temps de lui faire connaître notre désir, il fait arrêter la voiture, et le cocher lui passe de grosses malles qu'il dépose sans bruit, dans la boue, au beau milieu de la rue. L'opération terminée, il se présente à la portière de l'omnibus, et s'adressant au Monsieur qui nous avait conseillé de descendre à l'Hôtel del Norte :

— Señor, veuillez prendre possession de vos bagages. Vous avez voulu détourner ces voyageurs de la Rafaëlla ; l'omnibus est à nous, il ne nous plaît pas de nous charger plus longtemps de vos colis. Les voici ; faites-les porter par qui vous voudrez à votre excellente *venta !*

Comment venir en aide à notre infortuné compatriote, fort perplexe, à cette heure avancée, de voir ses bagages abandonnés dans une rue sombre et détournée ? Le mieux sera, sans doute, de partager son sort. Qu'on descende également nos bagages! Ensemble, nous chercherons comment nous y prendre pour nous tirer d'embarras.

— Pardonnez, señores, nous répond Fabio : vous avez dit que vous alliez à la Rafaëla ; je ne puis vous rendre vos bagages dont je suis responsable, que lorsque nous y serons arrivés.

Notre compatriote avait dû quitter sa

place pour s'assurer du sort de ses caisses. Fabio, posté sur le marche-pied de la voiture, discute avec nous. Pendant que je cherche à lui faire entendre raison, le cocher donne un vigoureux coup de fouet à ses chevaux : en un clin d'œil, ils emportent l'omnibus au loin, laissant dans je ne sais quel état le malheureux Français qui avait voulu me donner des conseils. Que sera-t-il devenu ? nous n'avons jamais pu le savoir. Mais ce que nous avons fort bien su, c'est la nécessité où nous nous sommes trouvés de descendre à la Fonda de la Rafaëla ; de sorte que conseilleurs et conseillés ont été tous les deux les payeurs.

On verra comment.

Dans de telles conditions, nous n'avions guère qu'à accepter ce qu'on voudrait bien nous offrir. Pour infliger un démenti au partisan de l'hôtel « del Norte », on nous donne les meilleures chambres dont on peut disposer. Ces chambres ne sont pas précisément malpropres, mais elles sont mal aérées, et leurs fenêtres ouvrent à peine sur une petite cour étroite d'où s'exhalent des senteurs nauséabondes. La table est moins satisfaisante. Il règne, dans la salle à manger, une odeur infecte. Je suis tenté, pour ma part, de croire que cette odeur vient des nappes et des serviettes, où des restes de repas anciens se sont incrustés de façon à former de hauts reliefs multicolores. Tous les mêts ont le même parfum que les nappes. Il n'y a pas jusqu'au vin *clarete* qui, malgré son joli couleur de groseille, ne se ressente de ce voisinage odoriférant.

La faim, la fatigue l'emportent sur nos répuguances. Mais comme il nous faut un sujet de causerie, et que nous sommes sous la première influence de notre assez peu désopilante aventure, après avoir discuté sur ce qu'avait bien pu devenir notre infortuné compatriote, nous en arrivons à une classification des hôtels.

En Espagne, les hôtels sont de quatre classes : les *hôtels* proprement dits, les *Fondas*, les *Possadas* et les *Ventas*. Les premiers ne justifient pas toujours leur titre un peu prétentieux, mais, en général, ils sont moins mauvais, et surtout moins sales que les autres. Pour arriver à un classement scientifique, basé sur les faits et non sur les usurpations fréquentes de titres ou d'étiquettes, je soumets à mon compagnon ces principes de répartition :

Première classe. Hôtels où tous les jours, dans les chambres, on change de serviette à toilette et, à table, de nappes, matin et soir, ainsi que de couverts à tous les plats.

Seconde classe. Hôtels où l'on change de linge une fois par semaine, et où l'on recouvre les taches de la nappe avec de petites serviettes plus ou moins adroitement supersposées.

Troisième classe. Hôtels où l'on se contente de repasser à nouveau le linge qui a servi à la toilette, sans pour ainsi dire jamais le laver à grande eau, et où on laisse à table les nappes se colorer chaque jour de nouvelles nuances, indéfiniment usque ad vitam æternam. De ce nombre sont beaucoup de Fondas espagnoles, presque toutes les possadas, et la plupart des hôtels secondaires de l'Italie. Il m'en souvient !

Nous avons besoin de grand air, pour digérer la *comida*. Nous allons prendre le café dans un petit estaminet à gauche de notre auberge. On y joue, non sans talent, du violon avec accompagnement de piano. De l'autre côté de notre porte cochère, on boit et l'on chante. Les garçons de « la Rafaëla » y sont attablés et se régalent de glaces qu'ils absorbent à l'aide de gaufres roulées en guise de tubes ou de cuillers.

Mon compagnon veut faire une plus longue promenade. Il va se perdre sur les remparts et est mis en joue par une sentinelle. Un officier intervient heureusement en sa faveur. Le voilà revenu sain et sauf à l'hôtel.

Il n'y a pas de clefs aux portes de nos chambres ; toutes, il est vrai, sont munies d'énormes verroux ; mais ces verroux sont sans gâches, de sorte que nous n'en pouvons faire usage. Qui sait si notre compatriote de « l'Hotel del Norte » est aussi bien abrité que nous pour passer la nuit. En voyage....., comme en voyage !

VIII.

Comment on ouvre les yeux pour admirer la neuvième merveille du monde.

Il y a toutes sortes de manières de comprendre un voyage.

Quand il s'agit d'une région encore inexplorée, ce qu'on a de mieux à faire, c'est de tâcher, sans préoccupation exclusive, de voir le plus possible, de recueillir bon nombre de renseignements curieux, et de rapporter avec soi une ample collection d'objets, de croquis et de peintures.

Au contraire, lorsqu'on visite des pays

bien connus, de deux choses l'une : ou l'on se rend dans un but de recherches tout à fait spéciales, et l'on peut ainsi faire une récolte de documents neufs et utiles, échappés à ses prédécesseurs ; ou l'on se promène en simple touriste, et alors la seule règle qu'on ait à suivre est de se donner peu d'ennui et beaucoup de satisfaction.

Seulement les touristes ne sont pas tous de la même fécule : les uns veulent pouvoir dire à leurs amis qu'ils ont de leurs yeux vu tout ce qu'on connaît de célèbre ou de réputé tel, tout ce que citent les *Guides* comme particulièrement remarquable dans une ville ; les autres ne sont point satisfaits de voir ce que chaque voyageur a vu, et recherchent, de préférence, les localités, les musées, les collections les moins fréquentés, afin d'être à même de faire, à l'occasion, le récit de choses dont on ne soit pas depuis longtemps fatigué et rabattu.

Nous avons voyagé à deux de ces titres. Avant tout, nous cherchions en Espagne des monuments de l'histoire précolombienne de l'Amérique. Puis, lorsque nous ne rencontrions rien dans le cadre de nos études spéciales, ou bien nous faisions quelques observations ethnographiques, ou bien nous nous transformions en vulgaires touristes, pour ne pas quitter une ville, sans avoir, au moins quelques instants, contemplé ses édifices et ses principales curiosités.

Le touriste par excellence, — le touriste anglais, par exemple, — quand il arrive dans une localité, commence presque toujours par se rendre aux églises et aux musées. La visite des églises est souvent triste, monotone, fastidieuse, insipide ; la visite des musées, si l'on n'est pas absolument expert, fournit l'occasion d'admirer de confiance une foule d'objets auxquels on n'entend rien ou peu s'en faut, mais qu'on reconnait pour des objets d'un grand prix parce qu'ils vous sont présentés comme tels. Dans les galeries de tableaux, les touristes sont d'ordinaire les acteurs d'une comédie dont ils n'aperçoivent jamais le côté burlesque et ridicule. J'aurai l'occasion de revenir sur ce sujet.

A Burgos, on nous engage tout d'abord à visiter la cathédrale, que l'on y cite comme la neuvième merveille du monde. J'ai demandé, à ce propos, quelles étaient les huit précédentes merveilles. Nul n'a su me le dire, si ce n'est Camacho qui s'est évidemment amusé à nos dépens, quand il nous a donné l'énumération suivante : 1. Un médecin convaincu ; 2. Un faux savant repentant ; 3. Un historien véridique ; 4. Un philosophe qui se comprenne lui-même ; 5. Un mauvais poète las d'écrire ; 6. Un collectionneur qui a toute sa raison ; 7. Un soldat qui sait pourquoi il tue ; 8. Un candidat qui remplit ses promesses. Camacho ajoutait : « une femme.... » (una mujer.....). Je l'ai arrêté à temps, lui faisant observer que la neuvième merveille, de l'avis de toute la ville, était la cathédrale de Burgos. Sans cela, je ne sais combien il nous en aurait encore cité, tant il paraissait bien disposé à satisfaire notre curiosité.

Ignorant si nous n'avons jamais vu et si nous verrons jamais les huit premières merveilles du monde, nous avons suivi la foule, pour aller contempler la neuvième. Il est bien certain que peu de monuments gothiques étalent aux regards, une pareille magnificence. Ni la métropolitaine de Strasbourg, avec ses trois assises gigantesques et ses flèches élancées qui atteignent une hauteur que l'Égypte a seule dépassée par ses pyramides ; ni la basilique de Milan, dont les innombrables tours et tourelles, représentent une ville de guipure en pierre dessinée sur le velours bleu du ciel ; ni la cathédrale de Cologne, dont l'étonnante conception impose à l'esprit d'ineffables sentiments d'admiration mêlés d'un religieux respect ; aucune de ces puissantes créations artistiques du moyen âge ne saurait faire oublier la majestueuse splendeur de l'église de Burgos.

Mais, ce n'est pas encore la richesse de l'ornementation qui cause le plus profond étonnement ; c'est la possibilité qu'on ait pu construire, d'une façon solide et durable, sur une côte où soufflent sans cesse des vents impétueux, ces grêles clochetons découpés en spirale, dont les cônes finement taillés semblent se perdre dans l'espace. Une des tours, il est vrai, fut renversée par un violent ouragan et dut être reconstruite en 1567 ; celle qui la remplace, et qui est sans contredit une des beautés de la cathédrale de Burgos, a résisté depuis lors à toutes les inclémences des éléments déchaînés. Cette tour forme, à l'intérieur, une voûte ornée des plus délicieuses sculptures.

On prétend que Charles-Quint, en la voyant, ne put s'empêcher de s'écrier : « C'est un bijou qu'il faudrait enfermer dans un écrin ». Le roi Philippe II, à son tour, disait que « c'était plutôt l'œuvre des anges que celle des hommes »,

Le touriste qui visite le sanctuaire et les nombreuses chapelles de cet étonnant édifice, est ébloui par tant de richesses, qu'il lui est bien difficile de conserver le souvenir des splendeurs étalées sous ses yeux. Un pareil monument ne souffre point de description succinte. Chacune de ses parties mériterait toute une monographie. Incapables de l'entreprendre, faute de temps et de connaissances spéciales, nous contemplons d'un œil trop souvent hagard et indifférent ce qu'on nous montre. Puis nous suivons la foule,..... la foule qui demande à voir « le coffre du Cid », une méchante caisse vide à laquelle se rattache une légende douteuse.

La tradition populaire rapporte que ce coffre appartint jadis au fameux *seid* Rodrigo Diaz de Bivar, qui naquit, comme on sait, à Burgos, vers l'an 1030. Ce héros des drames de Diamante, de Guilhem de Castro et de Corneille, se serait fait remettre par des Juifs, contre le dépôt d'une boîte où il assurait avoir enfermé des pierreries et des objets d'or massif, mais qui était en réalité bourrée de cailloux entourés de tissus précieux, une somme considérable dont il avait besoin pour entreprendre le siége de Valence. Cette somme fut d'ailleurs rendue aux dépositaires du coffre, lorsque le Cid, vainqueur des Maures, retourna à Burgos, emportant avec lui un très riche butin.

Quand on s'est bien extasié devant cette caisse légendaire, on regarde rapidement, dans la salle du chapitre et dans les sacristies, les magnifiques toiles de Murillo, de Jordan, du Greco, et cette Madeleine à mi-corps, d'un auteur inconnu, que beaucoup d'experts placent au-dessus de la fameuse vierge de Raphaël du Musée de Madrid. Puis on a hâte de sortir pour aller à la *Casa consistoriale*, visiter le tombeau du Cid et de Chimène; tant il est vrai que la masse préfère toujours, aux œuvres les plus splendides du génie de l'homme, ces exhibitions souvent naïves et enfantines d'objets qui nous rappellent les noms gravés dans notre esprit; alors que nous étions encore à l'école.

Le tombeau où Chimène et son glorieux époux reposent séparés par un compartiment doublé de zinc, n'a rien de remarquable, pas plus que les salles gothiques par lesquelles on y arrive. Mais qu'importe ? Il est si intéressant de voir la case où sont déposées les cendres du campeador et celles de la noble fille du comte Lozano de Gormaz, dont on ne connaît plus d'autre histoire que celle qui germa dans le cerveau du père de la tragédie française !

La ville de Burgos, devenue simple chef-lieu d'intendance, a conservé quelque chose de sa grandeur passée ; on sent qu'on y habite une ville qui fut la capitale de la monarchie Castillane avant Tolède et Madrid. La forme irrégulière de ses places et la plupart de ses vieilles rues lui donnent un aspect des plus pittoresques. Presque toutes les anciennes maisons ont leur rez-de-chaussée bâti en contre-bas. Certains magasins ont l'air de véritables antres de troglodytes. Nous nous sommes amusés à y voir une réminiscence des âges où les hommes habitaient des cavernes souterraines.

L'après-midi, une berline de louage nous a conduits à la Chartreuse (*Cartuja de Miraflores*) située à une lieue en dehors de la ville. Un moine, vêtu de drap blanc, nous a fait, avec beaucoup d'amabilité, les honneurs du monastère, où n'habitent plus aujourd'hui que cinq religieux. J'aurais voulu visiter la bibliothèque ; mais notre hôte m'a dit qu'elle se trouvait dans un tel désordre, qu'il était impossible d'y introduire des étrangers. En revanche, le bon moine nous a fait admirer les tombes célèbres que renferme ce couvent, commencé sous le règne de Jean II, en 1454, pour y déposer les restes mortels des rois de Castille, et achevé sous le règne de sa fille, la fameuse Isabelle. La plupart de ces tombes sont d'une magnificence inouïe, et nulle part l'art du statuaire n'a développé plus de talent, de finesse et d'habileté.

On nous a fait remarquer également

le retable de l'autel, qui serait d'ailleurs sans intérêt si l'on ne racontait qu'il a été décoré avec le premier or rapporté d'Amérique. On devise, en effet, qu'en 1496, Christophe Colomb se rendit à Burgos, avec ses compagnons de voyage et quelques Indiens qu'il avait fait parer, pour la circonstance, de plumes de couleur, d'anneaux et de bijoux précieux. Il venait présenter au roi de Castille une foule d'objets en or massif, destinés à donner une idée des richesses minières de leur pays. La reine voulut offrir à Dieu ce premier tribut qui lui arrivait du Nouveau-Monde ; et, dans cette pensée, elle ordonna que les lingots apportés par le grand descubridor seraient remis à la Cartuja, pour recouvrir le retable de l'autel.

On nous a montré, à la fin, une belle statue de saint Bruno, en bois, dont l'expression est si naturelle qu'un courtisan de Philippe IV dit un jour au roi, en l'admirant : « Il ne lui manque que la parole ».

— Tu te trompes, répartit le monarque ; s'il parlait ce ne serait pas un chartreux.

Le lendemain soir, nous quittions Burgos, à 5 heures 25 minutes, pour Valladolid, où nous arrivions à 9 heures et demie, juste à temps pour prendre un modeste repas et aller nous reposer.

IX.

Nous avons l'honneur de nous asseoir à la table de Don Quichotte de la Manche.

De grand matin, nous sommes réveillés par un affreux vacarme de chaudrons et de casseroles. Je me mets en tête que c'est de la sorte qu'à Valladolid on remplace les sonneries de cloches pour appeler les voyageurs à la prière et aux ablutions du matin.

Je me lève du lit en sursaut ; mais c'est à peine si je puis y voir dans ma petite chambre, où la lumière naissante du jour est tamisée par le double vitrage de la fenêtre et des miradores.

Mon compagnon s'est également levé et vient me demander si je connais le motif de ce tapage. Le mieux est de descendre dans la cour pour nous en informer. On nous apprend que c'est la manière de prévenir les voyageurs qui doivent partir à l'ajornée, que le déjeuner les attend. Il est bien de bonne heure pour nous mettre à table; mais puisque nous avons tant fait que de sortir du lit, nous nous joindrons aux convives de l'hôtel. Ce sera, de la sorte, un peu de temps gagné; et nous n'en avons pas à perdre, puisque nous ne devons rester que deux ou trois jours à Valladolid, et encore profiter de notre passage dans cette ville pour faire une excursion à Simancas.

Après avoir déjeuné,..... hélas! nous quittons en hâte notre fonda, et nous allons courir les rues, visiter le petit Musée, la Bibliothèque, que sais-je, la Cathédrale. Ne voyant plus comment employer le reste de la journée, nous montons dans une voiture de place, en disant au cocher de nous conduire où bon lui semblerait.

— Voulez-vous aller à la maison de Cervantès, nous demanda notre automédon?

— Soit, pour la maison de Cervantès, lui répondit mon compagnon. Et, à par main, nous voilà partis.

En quelques minutes, notre calèche nous amène à la « Calle del Rastro », où se trouve la maison qu'habita Cervantès, pendant qu'il faisait imprimer la première édition de son *Don Quichotte*. C'est une grande masure d'assez pauvre apparence, à deux étages surmontés d'un comble, et couverte en tuiles brunes.

Les fenêtres du premier ont chacune un balcon. Cinq petites portes en volige donnent un débouché sur la rue : celle du milieu, par laquelle entrent les visiteurs, est munie d'un guichet vitré. Au-dessus de cette porte principale, et de chaque côté de la fenêtre qui la surmonte, on a peint sur la muraille des scènes d'aventures du célèbre hidalgo. Un peu plus haut, on lit une inscription portant ces mots : AQUI VIVIÓ CERVANTES « Ici vécut Cervantès ». La municipalité de Valladolid s'occupe de faire dégager les abords de cette maison historique, et prépare une sorte de place, sur laquelle on a élevé à l'avance une statue au fameux romancier espagnol. La statue a dû être érigée récemment ; car, au moment de notre passage, les ouvriers travaillaient encore à la décoration de son piédestal.

On nous fait entrer : une vieille femme paraît établie là pour servir de gardienne. Dans la première pièce, au rez-de-chaussée, on a réuni tant bien que mal tout ce qu'on a pu se procurer de souvenirs relatifs au célèbre écrivain d'Alcala de Hénares, et une foule d'objets qui se rapportent autant à Cervantès qu'au

Grand Turc ou à Martin Luther. Voulant profiter de cette demeure pour lever un impôt sur les touristes, on a pensé qu'il fallait leur montrer beaucoup de choses, afin de fixer le droit d'entrée à plusieurs pesetas. On a donc fabriqué un musée qui remplit non-seulement les pièces du rez-de-chaussée, mais encore celles du bel étage. Ce musée y gagnerait certainement s'il était purgé de tout ce qu'on y a accumulé d'étranger à l'auteur du Don Quichotte et à ses écrits. Tel qu'il est, on le visite avec intérêt, puisqu'il rappelle l'histoire de la vie et des œuvres du plus vanté, du plus original des anciens auteurs Castillans.

Des portraits anciens et modernes de Cervantès, des médailles à son effigie, quelques rares reliques de ce grand homme, des exemplaires des principales éditions de son chef-d'œuvre, suffisent pour frapper l'imagination du voyageur et le faire rêver.

On nous invite à nous asseoir à table. La figure si caractéristique de Don Quichotte et celle de son écuyer Sancho Pança sont présentes devant nos yeux. Il me semble que le vaillant hidalgo nous adresse la parole :

— Quelle heureuse étoile, dit-il, m'a valu la faveur de recevoir de si nobles et de si savants personnages, à moi qui ne suis en somme qu'un esprit inculte, sec, maigre, fantasque, plein de pensers étranges. On a dit que je m'étais tellement desséché le cerveau, que j'en avais perdu la tête. Je n'en crois rien, par ma foi ; car peu de figures ont autant intéressé le monde que la mienne, et ceux qui rient à mes dépens ont peut-ère quelque grosse paille dans l'œil qui les fait terriblement loucher. D'ailleurs j'estime avant tout la politesse, et le rire qui procède d'une cause légère n'est rien moins qu'une messéance. Le but principal de ma vie a été de redresser des torts, en m'exposant sans cesse à de nouveaux dangers. Rien n'est plus méritoire ; que vous en semble ? J'aime à croire que vous, hommes de clergie, ne voyagez pas pour d'autre motif. C'est je crois, le but le plus louable de la science ; et, sans ce but, la science pourrait bien ne pas être grand'chose. Je n'ai pas toujours réussi, cela est vrai. Mais l'homme réussit-il donc si souvent, qu'il lui soit permis de jeter la pierre à qui trébuche pour un bon motif ? Illustres chevaliers errants de la science, je suis ici pour vous servir.

Mon compagnon, étourdi de tant de courtoisie, se trouvait passablement encombré ; et moi je cherchais en vain quel compliment je pourrais adresser à notre hôte, lorsqu'il me vint à l'idée que le mieux à faire, pour le mettre à son aise et le faire causer, était de lui dire qu'à plus d'un égard nous étions fort enclins à recevoir ses enseignements, et point du tout à nous estriver avec lui.

— Je m'appelle *Nautus*, dis-je alors, mes ancêtres ayant pris nom de leur métier. Mon compagnon est *Suavis*. Comme l'a deviné Votre Seigneurie, nous voyageons pour redresser les erreurs humaines et justifier la cause rationnelle des choses. C'est folie, nous le savons. Mais cette folie a bien son charme : plus d'un peuple a honoré la folie, et quant à celle-ci, je gage que ce serait malséant de discorder à son égard. Cependant la science tend à nous démontrer aujourd'hui que le hasard est le souverain maître de la nature ; que la nature est inconsciente, et que nous la servons, esclaves absolus de ses lois, sans liberté, sans responsabilité, sans but, partant sans avenir. La raison de l'univers n'existerait de la sorte, que dans notre imagination.

DON QUICHOTTE : Là-dessus, j'aurais

j'aurais beaucoup à dire. Il ne faut pas trop examiner à fond si les choses qui sont dans notre imagination existent ou n'existent pas réellement. La Raison suprême de l'Univers, la Beauté sans tâche, le Bien absolu, je les vois et les contemple en mon for intérieur comme il convient que soit le principe suprême de l'Univers. Quand même les tâtonnements de la science feraient dire de l'homme que les seules lois fatales de la matière peuvent le faire mouvoir, qu'il sert sans savoir pourquoi, et sans qu'il y ait un pourquoi, la nature aussi esclave que lui-même ; je ne trouverai jamais que c'est une vaine préoccupation ou un temps mal usé que celui qu'on emploie à courir le monde, n'en recherchant point les douceurs, mais, au contraire, les amertumes au moyen desquelles les bons arrivent à gagner l'immortalité.

NAUTUS. Il est certain que la science

actuelle croit avoir fait de bien belles trouvailles en découvrant, dans ses laboratoires, que l'homme, un affreux singe médiocrement perfectionné après des milliers de siècles, n'est qu'une machine, se mouvant sans le vouloir, et travaillant sans salaire moral, pour n'aboutir à aucune fin. La science est fière de démontrer que la Liberté n'a jamais été qu'un mot dans le cerveau creux de nos pères ignorants, comme la Vertu dans celui de nos arrières grands-pères.

SUAVIS : Je n'ai jamais oublié une parole que j'ai entendu plusieurs fois répéter dans ma jeunesse, et qui s'est gravée profondément dans mon esprit : « tout égal zéro ».

NAUTUS : Dans ce cas-là, je soutiens moi que le monde est habité par deux espèces d'hommes : les *malins*, qui exploitent les autres et ne sont sots que lorsque leurs fourberies les font conduire sous verroux ; et les *naïfs*, qui forment la substance exploitable, à l'aide de laquelle les premiers ont bien raison de se nourrir.

Quant à la science, qui professe de si belles doctrines, si le progrès consiste pour elle à remplacer les vieilles hypothèses par des hypothèses nouvelles, m'est avis que le mieux, pour les gens honnêtes, serait de répéter ce que dit Amadis de Gaule, dans le chapitre intitulé *Kohèleth* : « Vanité des vanités, tout n'est que vanité ! » Et puis ensuite, de vivre en faisant le bien, d'après son gros bon sens, sans plus s'évertuer jamais à vouloir découvrir l'ordre éternel dans l'éternel désordre.

A ce moment, un petit homme au teint garance, à l'œil vif et à la mine enjouée, qui s'était posté à la droite du noble hidalgo, m'interrompit :

— Jusqu'à présent j'ai gardé, quoi qu'il m'en ait coûté, le plus discret silence ; mais j'ai tant à dire sur tout cela que les mots dans ma bouche se disputent à qui voudrait sortir le premier. Il me semble donc qu'il est temps que je parle, d'abord pour régaler la mienne langue, ensuite pour vous assurer que, par ma foi, c'est ici que le plus spirituel dit des bêtises. Si, en vous entendant raisonner de la sorte, je ne perds pas l'esprit, il faut en vérité, que je n'aie rien à perdre. Vos savants, qui découvrent de si belles choses, je les tiens pour fous comme tous les fous réunis ; mais ce qui m'étonne le plus, ce n'est pas tant de les voir fous, que de me voir, moi, si sot, si bête, que je ne puisse leur démontrer que les théories qu'ils soutiennent, sont tout simplement des sottises. Ils affirment que nous sommes de pures machines : ces machines remuent cependant, et je n'ai jamais vu de machines remuer si rien ne les faisait mouvoir. Vous autres savants, vous avez beaucoup de savoir, beaucoup de puissance, mais vous faites beaucoup de mal. Quand je vous vois divaguer sur notre origine et notre fin, je voudrais vous voir tous enfilés par les ouïes comme des sardines par une brochette de jonc.

Don Quichotte : Tais-toi, ignorant ! Ane tu es, âne tu seras, et âne tu mourras, quand s'achèvera le cours de ta vie; car elle atteindra son terme dernier, avant que tu ne sois persuadé que tu n'es qu'une bête. Et ce n'est pas au moment où les savants soutiennent que les hommes n'ont pas d'âme, qu'il convient aux bêtes de prétendre en avoir une. Je ne dis pas que tu n'as pas raison, au fond ; mais quand il s'agit de science, il ne suffit pas d'avoir du bon sens. Il faut être diplômé par une faculté quelconque ; et, dès lors, on peut débiter des balourdises à cœur joie, et réclamer l'admiration de la foule.

Mais vous, seigneur Nautus, vous appartenez cependant à la classe des savants.

Comment se fait-il que vous ayez l'air de disputer sur les derniers résultats acquis par la méthode de l'observation et de l'éprouvement ?

NAUTUS : Votre grâce se méprend sur mon compte.

Je suis loin de dédaigner la méthode de l'observation et de l'expérience. Mais je crois que cette méthode est souvent insuffisante, et qu'il faut se rappeler que le meilleur instrument que nous ayons pour juger des choses, c'est notre conscience. Elle nous trompe moins souvent que nos yeux qui voient parfois de travers, et elle est moins fragile que les instruments qui se dérangent plus souvent qu'il ne conviendrait. J'admets comme vérité tout fait bien constaté ; mais si l'on tient à me nourrir d'hypothèses, j'aime mieux me nourrir de celles qui me satisfont que de celles qui me soulèvent le cœur. Il en résulte que je me refuse à nier une Raison suprême de l'univers, parce que je ne puis comprendre quoi que ce soit dans l'univers sans cette Raison ; et si c'est une hypothèse d'affirmer qu'elle existe, c'est une tout aussi grosse hypothèse d'affirmer qu'elle n'existe pas.

Jusqu'à ce qu'on m'ait prouvé que le monde, sans destinée préconçue, marche au gré du hassard, je préfère admettre qu'il a une raison d'être, et que la logique est la loi de toutes ses évolutions.

De la sorte, je ne commence pas à fouler aux pieds la morale que respectaient nos pères, avant qu'on m'ait dit ce qu'on comptait mettre à la place, et je me borne à demander aux hommes de vivre en paix et de pratiquer les devoirs de la fraternité.

A ce sujet, je serais bien aise que Votre Grâce daignât me communiquer quelques-unes de ses idées sur la grande question sociale qui n'a cessé d'agiter les hommes depuis qu'ils ont vécu réunis, c'est-à-dire à l'état de horde, de tribu, de peuple ou de nation, et me fit part de son sentiment sur la manière de gouverner les sociétés humaines.

DON QUICHOTTE : Depuis que le monde est monde, on a essayé bien des systèmes de gouvernement, et accompli, — on le dit du moins, — de bien grands progrès. Je ne suis cependant pas tout-à-fait convaincu que la condition des hommes d'aujourd'hui soit sensiblement meilleure que celle des hommes d'autrefois. Heureux âges, croyez-moi, et siècles heureux, ceux auxquels les Anciens ont donné le nom « d'âge d'Or » ! Non point qu'en ces temps fortunés l'or, si estimé dans notre âge de fer, s'obtînt sans aucune fatigue ; mais parce que ceux qui vivaient alors ignoraient ces deux mots de *tien* et de *mien*. En ce saint âge, toutes choses étaient en commun. A personne il n'était indispensable, pour se procurer le soutien ordinaire de son existence, d'accomplir d'autre travail que de lever la main, et de l'obtenir des chênes robustes qui libéralement conviaient les hommes à se nourrir de leur fruit doux et savoureux. Les claires fontaines et les rivières courantes leur offraient en merveilleuse abondance des eaux délicieuses et cristallines. Dans les fissures des rochers et dans le creux des arbres, les diligentes et ingénieuses abeilles formaient leur république, offrant à n'importe quelle main, sans aucun intérêt, la fertile récolte de leur si doux labeur. Les lièges vigoureux se dépouillaient d'eux-mêmes, sans autre artifice que celui de leur courtoisie, des larges et légères écorces avec lesquelles on commençait à couvrir les habitations construites sur de rustiques poteaux, pour rien autre que de se défendre contre les intempéries du ciel. Tout était paix alors, tout amitié, tout concorde. Jusque-là le soc pesant de la courbe charrue ne s'était pas hasardé à ouvrir ni à affliger les pieuses entrailles de notre première mère qui, sans y être contrainte, offrait, sur toute l'étendue de son sein fertile et spacieux, ce qui pouvait rassasier, sustenter et réjouir les enfants qu'elle portait alors. C'était aussi le temps où s'en allaient les naïves jeunes filles, de vallée en vallée et de colline en colline, en tresses ou les cheveux flottants, sans autre vesture que celle qui était nécessaire pour couvrir honnêtement ce que l'honnêteté veut et a toujours voulu qui soit couvert. Et n'étaient point leurs atours de ceux dont on fait usage aujourd'hui, ces atours que la pourpre de Tyr et la soie tourmentée de tant de façons enchérissent, mais quelques feuilles de vertes bardanes et de lierre entrelacées, avec lesquelles elles allaient aussi parées et aussi bien ornées que vont aujourd'hui nos dames de la Cour avec les rares et exotiques inventions que l'oisive curiosité leur a enseignées. Adonc se manifestaient leurs sentiments amoureux, simplement, ingénûment, de la même façon et de la même manière qu'elles les éprouvaient, sans chercher un artificieux détour de mots pour les faire valoir. Ne s'étaient pas mêlées la fraude, la fourberie, ni la malice à la vérité et à la franchise. La justice régnait dans ses propres limites, sans qu'osent la troubler ni l'offenser la faveur et l'intérêt qui à un si haut degré la ternissent aujourd'hui, la troublent et la persécutent. La loi de l'arbitraire n'avait pas encore pénétré dans l'esprit du juge, parce qu'alors il n'y avait personne à juger ni qui fût jugé. Les donzelles et l'honnêteté allaient, comme je l'ai dit, là où il leur plaisait, seules et isolées, sans doutance que l'inconvenante désinvolture et les intentions lascives les méconnussent, et leur perdition ne provenait que de leur goût et de leur propre volonté.

Depuis ces temps heureux, l'homme a beaucoup progressé. Je l'admets, puisque les savants le disent; mais ce qu'ils ne nous disent pas aussi clairement, c'est si l'homme est devenu meilleur. Ce que je vois de plus sûr, c'est qu'aujourd'hui il doute de tout et croit tout.

Je voudrais, d'abord, qu'on s'occupât un peu moins de juger les autres, et je dirais volontiers à chacun : « Abaisse les yeux sur ce que tu es, afin de te connaître toi-même : c'est la plus difficile des connaissances qu'on puisse acquérir. L'homme est fils de ses œuvres, et les vertus corrigent le sang. Il est également fils de la femme qui le crée et que, par reconnaissance, il doit créer à son tour. Sans femme, il est comme l'arbre sans feuilles, l'édifice sans fondations, l'ombre sans le corps qui l'a produit. Mais la femme a besoin d'être instruite, dressée, dégrossie. La justice doit être égale pour tous, et le juge doit découvrir la vérité entre les promesses et les présents du riche aussi bien qu'entre les sanglots et les importunités du pauvre.

Les sociétés modernes, à mon avis, sous prétexte qu'elles font de grandes choses pour les collectivités, oublient trop souvent de se préoccuper des individus. Il faudrait, dans ma pensée, que chaque citoyen d'une ville sentît qu'il est quelque chose, et je voudrais que l'état sache toujours exalter le mérite et la valeur de ceux qui ont quelques-unes des qualités de l'intelligence. Dans mon pays, dans le vôtre surtout, il semble que chacun conspire pour empêcher un homme de se faire jour dans la masse ; et, tant qu'il n'est pas parvenu, c'est à qui sera le plus jaloux de son talent et le plus zélé à le rendre stérile. Il ne faut jamais craindre d'avoir trop de célébrités dans sa patrie. Quand on reconnait publiquement les mérites, on en augmente la portée ; et les charges et fonctions élevées mettent ceux qui en sont investis à même de montrer tout ce qu'ils valent : elles ont pour effet de rectifier le jugement ou de l'engourdir.

A l'époque où la guerre consistait dans des quantités de duels qui permettaient à chacun de lui donner la preuve de sa bravoure, les qualités mâles du cœur pouvaient, là au moins sur les champs de bataille, s'exalter à la grande lumière. Bienheureux les siècles bénis qui ignoraient l'épouvantable furie de ces instruments infernaux de l'artillerie, dont je tiens l'inventeur damné aux enfers pour prix de sa diabolique invention, avec laquelle il advient qu'un bras infâme et lâche enlève la vie à un valeureux chevalier ; et que, sans savoir ni d'où, ni comment, au milieu du courage et de l'énergie qui enflamment et animent de vaillantes poitrines, arrive une balle égarée, tirée peut-être par un soldat en fuite, terrifié du bruit qu'a fait le feu au sortir de sa maudite machine, qui tranche et anéantit en un instant les pensées et la vie d'un héros digne de la conserver pendant de longs siècles ! Aujourd'hui la gloire n'existe plus pour la profession militaire, qui est devenue un triste métier de mercenaires abrutis.

— Cela est bien vrai, interrompit le gros petit homme, et j'ai gravé ès ma cervelle que dans les combats, nous avons maintenant bien autrement besoin de nos pieds que de nos mains.

Don Quichotte : Silence, ami ; quel plaisir as-tu donc à répéter sans cesse de quel pied tu boites ?

Longtemps j'ai condamné ceux qui soutenaient que les lettres l'emportent sur les armes ; mais avec la manière moderne de faire la guerre, je suis bien obligé de modifier mon opinion. Cependant si les lettres continuent à affaiblir, chez l'homme, l'idéal qui est la plus belle de ses prérogatives; si elles lui ôtent tout sentiment de sa noblesse et de sa dignité; si elles lui font croire qu'il n'est autre chose qu'un rouage insignifiant d'une grande machine déréglée, d'une machine, qui évidemment ne produit rien de bon, puisqu'elle anéantit sans cesse et pour toujours ce qu'elle a produit, faisant de la mort la vie, et de la vie la mort; si elles arrachent de notre cœur toutes les espérances et toutes les consolations; si elles nous ravissent jusqu'à la liberté, sans posséder le moindre atome de la certitude, je les juge aussi méprisables que les armes; car celui qui anéantit la vie de l'âme, n'a rien à reprocher à celui qui détruit la vie du corps.

Le jour commençait à baisser, et nous ne voulions pas abuser plus longtemps de la courtoisie du célèbre hidalgo de la Manche. Après l'avoir chaleureusement remercié de son gracieux accueil, nous quittâmes la maison du grand romancier, ravis qu'une réunion de petites reliques ait eu le pouvoir de faire revivre à nos yeux un héros légendaire, et de regraver dans notre esprit quelques-unes des pensées de l'ingénieux Miguel Cervantes de Saavedra.

X

Pour avoir voulu découvrir de vieux monuments américains dans un vieux fort, nous avons failli nous noyer dans un océan de vieux papiers.

Il fallait évidemment que nous eussions en tête des idées qui ne sont pas celles de tous les touristes, pour retarder encore notre arrivée à Madrid, et nous décider à nous rendre, en dehors du parcours de la voie ferrée, au petit village de Simancas. Nous savions qu'il existait, dans ce village, un château où avaient été déposées les archives royales d'Espagne.

Ne se trouverait-il pas, par hasard, au milieu des vieux documents conservés dans ce château, quelque manuscrit oublié relatif à l'Amérique anté-colombienne, objet principal de nos recherches au delà des Pyrénées? En tout cas, notre conscience d'archéologues sera plus tranquille, du moment où nous n'aurons rien négligé pour la réalisation de nos espérances.

Aucun service régulier de locomotion n'est établi entre Valladolid et Simancas. Pas d'autre moyen, pour nous y faire conduire, que de louer une méchante calèche découverte qu'on met à notre disposition, moyennant la somme de vingt-cinq pesetas.

Nous nous installons tant bien que mal dans notre modeste carosse, dont nous ne tardons pas à faire abaisser la capote, le temps ayant changé tout-à-coup pour tourner à la pluie.

Nous ne perdons d'ailleurs pas grand' chose à nous trouver à demi emprisonnés dans notre véhicule. La route est peu pittoresque et n'offre guère d'autre panorama que celui des plaines de la Beauce. Cette route, macadamisée et assez bien entretenue, est plantée de bouleaux.

Peu de temps après avoir quitté Valladolid, on admire un instant le joli cours d'eau de la *Pisuerga*, encadré par des frais bouquets d'arbres ; mais bientôt on n'aperçoit plus de chaque côté que de vastes terrains de culture qui, au moment de notre passage, venaient d'être labourés.

Un peu plus loin, on rencontre quelques champs de vignes, dont les pieds, abondamment pourvus de branches, ont été fortement « buttés » ; puis enfin une petite oasis de peupliers très élevés.

Simancas, situé à dix kilomètres de Valladolid, est un village bâti sur une colline, auquel on arrive après avoir traversé deux ponts de pierre, dont l'un ne compte pas moins de dix-sept arches. On croit que la fondation de ce village date de l'époque romaine. Sous le nom de *Septimanca*, il est mentionné, comme station, dans l'itinéraire de Mérida *(Emerita)* à Saragosse *(Cæsaraugusta)*. Les Arabes l'appelaient *Bureba*.

Les stations romaines *(mansiones)* étaient séparées les unes des autres par une distance de 30 à 40 kilomètres. Dans l'intervalle, se trouvaient des espèces de maisons de poste *(mutationes)*. Il était d'usage d'établir les stations là où se trouvaient des bois sacrés ou des temples ; elles étaient environnées de tours d'où l'on donnait les signaux d'alarme, de lieux de refuge, de fontaines, etc. Malgré les recherches des archéologues, on n'est pas parvenu jusqu'à présent à retrouver des vestiges d'une voie romaine dans cette région.

On rattache le nom de « Septimanca » à une légende qu'on raconte dans le pays. Il y avait autrefois sept jeunes filles d'une rare beauté. Lors de l'invasion des Maures, elles résolurent d'un commun accord de se soustraire à leurs outrages ; et, dans ce but, elles se coupèrent chacune la main gauche et se barbouillèrent le visage de leur sang. Ainsi défigurées, elles parurent tellement affreuses aux yeux des vainqueurs qu'ils n'osèrent pas les approcher. La postérité célébra cette résolution héroïque et donna à la localité le nom de *Simancas* qui ne serait autre chose qu'une corruption des mots *Siete mancas* « les sept mains gauche ». Dans la même pensée, on choisit, pour les armoiries de la ville, une tour d'or sur un champ de gueule surmonté d'une étoile avec sept mains.

Le palais des Archives est un ancien château, flanqué de fossés, dans l'intérieur duquel on pénètre par deux ponts de pierre. Ce château était une des plus importantes forteresses de la Castille. D'innombrables crimes y ont été commis : il a été le théâtre de ces drames sanglants qui ont si souvent souillé le règne de Felipe II. C'est là qu'eut lieu la mort occulte du disgracié Florès de Montmorency, gouverneur de Tournay en Flandre, et frère du non moins malheureux comte de Horn. En 1575, le duc de Maqueda y fut enseveli dans la prison, où périrent successivement une foule de victimes des caprices royaux.

On peut voir encore la *Càmara del Tormento*, horrible petite habitation enclavée à une assez grande hauteur dans la muraille de la forteresse, et de la toiture de laquelle pendent quelques anneaux de fer, témoins affreux des tourments qu'on faisait subir aux misérables victimes enfermées dans ce lieu d'épreuves et de persécution. Cette étroite demeure était considérée comme l'endroit sûr de l'édifice; aussi l'a-t-on employée par la suite pour y conserver les titres les plus précieux des archives d'Espagne, tels que les testaments des rois, les capitulations, etc.

Don Francisco Romero de Castilla y Perosso, secrétaire de l'Archivo de Simancas, a réuni sur son histoire les renseignements les plus circonstanciés et les plus positifs. La première idée de faire servir le château pour y déposer les documents de l'État et de la Couronne royale, remonte d'après ce savant, au temps de Don Enrique IV. Cette idée, toutefois, ne fut définitivement adoptée que sur la demande du célèbre cardinal Fr. Francisco Jimenez de Cisneros, qui fit une proposition formelle à cet égard au roi Don Fernando-le-Catholique, par lettre en date du 12 avril 1516.

Un grand nombre de documents qu'on

y avait déposés furent égarés ou perdus pendant les guerres de « las Comunidades ». Dans l'espoir d'en retrouver quelques-uns, l'empereur D. Carlos V obtint du pape une bulle ordonnant à quiconque rencontrerait des papiers d'intérêt général de les remettre au gouvernement, sous peine d'excommunication pour ceux qui ne se conformeraient pas à cet ordre pontifical. Ce fut d'ailleurs D. Carlos V qui décida définitivement le dépôt des archives royales au château de Simancas. Plus tard, on eut l'idée de transporter l'*Archivo* à Tolède, puis ensuite à Madrid; et, pendant une longue période, un grand désordre régna dans les nombreux papiers qui le composaient.

L'invasion française en Espagne vint donner le dernier coup aux collections de Simancas. Napoléon Ier avait rêvé de réunir à Paris les archives de tous les pays conquis ou incorporés à un titre quelconque à son empire. Ce plan gigantesque, qui devait avoir pour effet de centraliser, dans la capitale de l'empire français, tous les documents historiques, politiques ou administratifs de l'Europe, fut divulgué par un décret signé quelques jours avant la paix de Schœnbrunn, conclue le 10 octobre 1809 entre la France et l'Autriche, et ordonnant la prise de possession des archives de l'empire Germanique qui se trouvaient alors à Vienne. Une commission, présidée par le comte Daru, fut chargée de l'exécution de ce décret et mit la plus grande activité à s'acquitter de la tâche qui lui avait été confiée. Une quantité considérable de dossiers fut transportée à Paris dans 3139 caisses, moyennant une dépense de plus de 400,000 francs. D'après un état publié le 6 août 1814 par M. Daunou, archiviste-général, les papiers des archives de Vienne, amenés à Paris, ne formaient pas moins de 39,795 liasses.

Même mesure avait été prise à l'égard de l'Italie. Par décret du 17 mai 1809, Napoléon, ayant incorporé les États-Pontificaux à l'empire français, nomma une commission chargée de s'emparer de tous les papiers du Vatican, soit un ensemble de 102,435 liasses. Du Piémont, on fit expédier à Paris 12,049 liasses.

Les archives royales de Simancas eurent le même sort, et un ordre formel de Napléon prescrivit des mesures rigoureuses pour qu'aucune pièce ne fût soustraite à l'enlèvement. Un premier convoi de 60 charrettes fut expédié par les soins du général Kellermann, qui annonçait au ministre que si l'on ne se contentait pas de choisir les documents les plus importants, il faudrait plus de 12,000 voitures pour transporter le tout à Paris. On fit cependant encore plusieurs envois successifs : le second par 59, le troisième par 53, et le quatrième par 40 voitures.

Simancas rentra en possession d'une partie de ses archives en 1815. Le 25 février de cette même année, 146 caisses de papiers, du poids de 19,138 kilogrammes, quittèrent Paris pour être réintégrées dans le château des Archives royales d'Espagne, où elles arrivèrent le 27 juin suivant.

La collection paraît avoir été rétablie à peu près dans son état primitif, bien qu'on ait eu à regretter la perte de plusieurs dossiers importants. Le souvenir de la restitution a été consacré par une inscription placée dans la salle XI de l'édifice.

Elle est conçue en ces termes :

VETUSTISSIMI· CODICES. REGII. PATRONATUS.
HIC. A. CAROLI· V· TEMPORIBUS· CUSTODITI·
GALLORUM· IRRUPTIONE· LUTETIAM·
DEPORTATI· FUERE· ANNO· MDCCCXI·
FERDINANDUS· VII· PATERNA· SOLLICITUDINE·
RESTITUIT· ANNO· MDCCCXVI·

Depuis cette époque, un grand travail e classement des archives royales d'Esagne a été accompli par le personnel de Archivo de Simancas ; les liasses ont été lacées avec soin entre des ais et déposées ur des rayons établis dans les nombreuses alles de la forteresse. D'assez bons caalogues, quoique très incomplets, ont été ntrepris, et une sorte de petit musée a té organisé pour l'exposition des pièces es plus intéressantes.

Parmi ces pièces, on remarque une manifique lettre arabe écrite en caractères 'or par Muley Cidan au duc de Medina Sidonia, en 1614. Quant aux documents elatifs à l'Amérique, ils ont été à peu rès tous extraits des archives de Simancas our être déposés aux archives des Indes, ctuellement conservées à Séville. Nous 'avons donc trouvé qu'un bien petit ombre de papiers de nature à répondre à notre attente. Le malheur n'est pas grand : nous irons en Andalousie.

XI

Don Fisto soutient mordicus que, du moment où nous parlons philosophie, il a droit à une place dans notre compartiment.

Il est neuf heures vingt-cinq minutes du soir : nous avons pris, à la gare, nos billets pour Madrid; et, moyennant deux réaux par personne, on nous a donné en plus des *billetes de anden*, à l'aide desquels on peut pénétrer jusque sur le quai et monter en wagon aussitôt l'arrivée du train. Les voyageurs qui n'ont pas acquitté ce petit impôt, subissent le désagrément de rester enfermés dans les salles d'attente jusqu'à ce que les autres aient choisi les meilleures places et s'y soient installés tout à leur aise.

Après deux heures de retard, — en Espagne, c'est un retard insignifiant et dont personne ne songe à se plaindre, — le sifflet de la locomotive se fait entendre. Nous découvrons un compartiment vide ; et, grâce au procédé dont j'ai parlé, et qui nous a déjà réussi plusieurs fois, nous parvenons à rester seuls jusqu'au moment du départ.

Il est encore bien bonne heure pour nous endormir. — A propos, si nous parlions un peu philosophie? Ce ne serait peut-être pas un moyen fort sûr de nous égayer, mais cela nous fournirait, en tous cas, une manière de décapiter le temps. Allons! vogue.... la philosophie!

Nous avions à peine pris cette résolution et pénétré à tâtons dans le Saint des

Saints, que nous sommes surpris par les plus incroyables événements.

Deux fusées!

Trois fusées!

La première est rouge, la seconde l'est aussi; la troisième est de toutes couleurs.

Clairons en tête, fifres sur le flanc droit, l'orchestre de Richard Wagner sur le flanc gauche, avance jusqu'au carreau de la fenêtre près de laquelle je suis assis, un essaim de gros pucerons noirs.

A la fenêtre en face, autre genre de mise en scène. Des animaux hideux, contrefaits, fantastiques, montés sur le marche-pied du compartiment, cherchent à grimper jusqu'au haut de la portière. L'un d'eux, une espèce de hibou à l'arrière-corps de chimpanzé, porte un bâton au bout duquel sont suspendus à des lacets de soie écrue des cerveaux fraîchement retirés de leur cavité osseuse, et un écriteau avec cette légende : « Vivisection des hommes, protosulfure d'hellébore ». Une chauve-souris gigantesque vient à tire-d'aile, traînant attachées à ses pattes deux longues lunettes et une trousse de scalpels, de bistouris et de tenailles incisives. Un orang-outan, chargé d'une hotte pleine de creusets, de ballons, de cornues et d'éprouvettes, semble lui disputer le passage. Des hannetons bourdonnent à ses côtés, et des crapauds coassent sur son épaule.

Un bruit de plus en plus strident ne tarde pas à couvrir celui de la locomotive. La lune est momentanément cachée. Tout au dehors est sombre. Impossible de distinguer ce qui se passe à quelque distance. L'infernale mascarade s'est probablement cramponnée à la main courante de nos wagons, car elle ne cesse de nous poursuivre, malgré la marche rapide du convoi.

— Qu'est-ce que tout cela signifie ? Qu'en pensez-vous, mon cher Suavis ?

Enfin, la lune, mal voilée sous un léger nuage, laisse s'échapper une maigre lueur phosphorescente. Rapprochés de la fenêtre, nos regards plongent tant bien que mal dans l'espace. Aux animaux fantastiques qui poursuivent à notre voiture, succède une quantité d'autres animaux fantastiques qui, sans appui, sans soutien, suspendus sans doute dans l'air ambiant, forment au loin une double haie. Leurs yeux immobiles sont enflammés. On dirait une interminable avenue décorée de lampions, un soir d'orgie nationale.

Mais bientôt notre attention est détournée par le bruit des moucherons qui se massent, en quatre corps, sur le devant de notre fenêtre de droite. Nous nous rapprochons du was-ist-das : ils entonnent le *Tannhauser*, mélangé de symphonies chinoises, avec force accompagnement de gongs, de crécelles, de mirlitons, de tambourins, de castagnettes et de pétards.

Tout-à-coup s'ouvre la portière de gauche, et un petit personnage tortu, bossu, prognathe, suranné, décharné, haut tout au plus de trois coudées, coiffé d'un sombrero orné de plumes vertes, la casaque rouge écarlate, le pantalon collant, une espadille au ceinturon, chaussé de bottes à la Montijo, nous demande s'il n'y a pas une place libre pour lui dans notre compartiment.

— On n'entre pas dans les voitures quand le train est en marche ; c'est contraire au règlement, lui répondis-je. Veuillez nous laisser tranquilles et aller où bon vous semblera.

— Pardonnez, señores ; ce que je vous demande comme une faveur, c'est tout simplement un droit. Je me nomme *Méphisto*, et me surnomme *Félés*. Du moment où l'on parle philosophie quelque part, il est évident que l'on m'appelle. On m'appelle, et me voilà !

Vous disiez, ce me semble, au moment où je suis entré dans ce compartiment, une foule de choses qui me paraissent un peu contradictoires, et vous m'avez l'air d'être persuadés l'un et l'autre que vous procédez suivant les us et coutumes de la bonne science doctorale. Si vous voulez bien assentir à être courtois à mon égard, vous conviendrez bientôt que mon arrivée s'applique comme de cire à la situation ; car il ne me faudra pas longtemps pour vous mettre d'accord ; et cela me sera d'autant plus facile qu'en somme, tous les deux, señores, vous avez raison. N'en soyez pas trop fiers pour cela, car il ne faut jamais oublier qu'ici-bas on ne voit jamais les choses que par le petit bout, et comme il n'y a pas de demi-vérités, quand on voit une partie d'une vérité, c'est absolument comme si l'on ne voyait rien du tout. Cela est clair, limpide, sinon comme l'eau de roche, au moins comme l'encre avec laquelle vous éternisez tant de non sens, tant de truandies, de billevesées et d'outre-cuidances.

Or, vous disiez : vous, qu'il n'y a de vérités positives que les vérités démontrées par le raisonnement, comme le sont les vérités des mathématiques ; et vous, vous disiez que les vérités des mathématiques n'existent que dans l'imagination et, par conséquent, n'ont rien de réel. Il est certain que lorsqu'il y a un arbre, et puis encore un arbre, les arbres existent réellement, mais le nombre « deux » que vous leur assignez n'est qu'une abstraction, c'est-à-dire rien du tout ; car cette abstraction n'est pas même dans votre cerveau, où je défie le plus habile des vivisecteurs de me la montrer au bout de son scalpel. Et, comme il n'y a de vérités scientifiques que celles qu'on peut prouver par l'expérience et l'observation, il en résulte que votre chiffre « deux », comme toutes vos formules mathématiques, ne sont rien de plus que des fantaisies. En présence de l'infini qui embrouille vos idées, vos affirmations les plus simples ne supportent pas un moment l'examen. Vous soutenez que le tout est plus grand que sa partie. Mais je vais vous démontrer le contraire, en bel et bon langage algébrique. Étant donné, par exemple, que le nombre infini des étoiles est représenté par x, les moitiés et les quarts d'étoiles, étant également infinis, seront de même représentés par x ; d'où vous aurez ces deux équations : $x = \frac{x}{2} = \frac{x}{4}$, c'est-à-dire l'entier égale la moitié, et la moitié égale le quart !

Croyez-moi, renoncez au vieux système démodé de la raison pure, et contentez-vous d'étudier les faits positifs qui tombent sous vos sens ou se manifestent grâce à vos appareils d'expérimentation. La matière, vous ne pouvez en douter, existe, puisque vous la rencontrez à chaque pas, puisqu'elle crève vos yeux, puisque vous la saisissez des deux mains. Quant à l'esprit, vous ne l'avez jamais trouvé sur votre route, vous ne l'avez jamais vu, vous ne l'avez jamais touché du doigt.

La matière, qui a évidemment existé de toute éternité, s'est développée par ses propres lois. Le hasard seul a créé la variété qui règne dans la création. Des accidents ont produit les espèces comme les individus ; d'autres accidents détruisent ou détruiront les uns et les autres.

Je comprends bien qu'il vous déplaise, vous señor, de penser que, dans l'univers, rien n'est durable et rien n'aboutit à un but durable. Vous rêvez une Raison, en dehors de l'univers, qui en soit la règle et le moteur, parce qu'il vous semble que, sans cette raison, vous êtes un peu moins que pas grand'chose. Il est regrettable, je l'avoue, que cette Raison n'existe pas; mais le fait est malheureusement très-certain, et la science de l'expérience et de l'observation vous le démontre chaque jour d'une manière plus incontestable. Vous n'êtes qu'un grain de sable sur la terre; et la terre, qui n'est elle-même qu'un grain de sable dans l'univers, doit comme vous périr et disparaître. Ne riez pas, señor Nautus; mon argumentation algébrique de tout à l'heure vous fait penser, je le vois bien, que vous êtes nécessairement aussi grand que la terre! c'est-à-dire grand comme un grain de sable. Si vous riez, je vais perdre le fil de mon lacet. Je disais donc que la terre, condamnée à devenir dans l'espace, comme l'est déjà la lune, une masse inerte et sans vie, ne saurait avoir d'autre destinée que d'exister sans but, pour périr sans raison. L'homme serait bien ambitieux de prétendre à un sort meilleur ; et la science a grand mérite de reconnaître aujourd'hui qu'il n'est ici qu'un instrument inconscient de l'aveugle tohu-bohu, un instrument sans logique, sans liberté et sans avenir.

L'idée de liberté, sur laquelle vous étiez en train de deviser au moment de ma venue, n'est rien autre qu'une aberration de cerveaux malades. Vous dépendez sans cesse de tout ; et lors même qu'indifférents aux choses de ce monde, vous vous laissez aller au gré du vent, vous dépendez encore de la brise. Vos raisonnements eux-mêmes, vos raisonnements les plus abstraits, résultent de l'état dans lequel a été prédisposé votre esprit par ceux qui vous ont inculqué des idées, par ceux qui ont laissé dans votre encéphale la trace du fer rouge de leurs spéculations empruntées. Vous croyez avoir des idées à vous, mais vos idées, vous les tenez d'autrui, des hommes que vous fréquentez, de ceux qui vous ont éduqué ; et ceux-là même les ont empruntées à leurs prédécesseurs, à leurs aïeux, que sais-je ?

— Ah ! pardonnez, M. Méphisto, lui dis-je alors un peu brusquement, ici je vous arrête. Si je tiens mes idées de quelqu'un, ce quelqu'un les tient d'un autre, et ainsi de suite. En prolongeant indéfiniment la série de ces emprunts, il me semble que je dois arriver bon gré mal gré à un prêteur ? Ce prêteur, comment l'appelez-vous, je vous prie ?

Je ne sais si cette parole offensa profondément notre intrus ; mais, sans que nous ne sachions par où ni comment, avant de m'avoir répondu, il avait quitté notre voiture, où sa place était devenue vide.

Nous regardons aussitôt à nos fenêtres : pas le moindre avorton de mouche. Les nuages avaient disparu, la lune resplendissait argentine sur le velours bleu sombre du ciel de Castille, qu'émaillaient d'innombrables étoiles aux reflets de diamant ; l'air était calme et pur.

Un instant après, la voix sonore du conducteur nous annonçait que nous étions arrivés à la station de Médina del Campo. Nous descendons un instant, le buffet établi à cette gare nous permettant de nous remettre un peu des singulières émotions que nous avait causées la visite assurément fort inattendue du señor Don Méphistophélès.

XII

Comment, après avoir contemplé la Lune toute la nuit, on finit par se trouver au point du jour, à la Porte du Soleil.

De notre mieux approvendés pour passer doucement le reste de la nuit, nous rentrons dans notre compartiment, d'où nous ne sortirons plus de si que nous avenissions à la métropole des Espanois.

Nous faisons quelques préparatifs pour nous endormir, mais cela ne nous amonte à rien. La ressouvenance de ce qui nous est arrivé au sortir de Valladolid ne cesse de nous troubler le cerveau. Le mieux, puisque la nuit est belle, c'est d'ouvrir notre fenêtre et de nous distraire en esgardant les endroits dans la voisineté de la longue voie de fer qui nous reste encore à parcourir. Nous verrons certainement assez mal ce qui se présentera sur notre route ; mais rien de tel que l'obscurité pour cuider qu'on voit des merveilles ; et, sans l'obscurité, sur tout ce parcours, nous n'aurions peut-être rien vu du tout.

Par le clair de lune, la réauté de Léon, la Vieille et la Nouvelle Castille nous paraissent des pays tout bleus. Medina del Campo, que nous croyons apercevoir, fut pendant longtemps une des cités les plus commerçantes de l'Europe, et l'un des principaux marchés de céréales. On prétend que c'est là que parurent les premières lettres de change. Nous aurions bien voulu distinguer la fameuse colonne à laquelle on attachait, comme castoiement, les marchands qui falissaient, à la fin de la foire, aux engagements qu'ils avaient contractées dans le commencement. Cette colonne se nommait *Banca rota* « banque en déroute », et c'est de là, dit-on, qu'est venu directement le mot « banqueroute ».

De Gomez-Narro et d'Ataquinès, nous n'apercevons que les vastes plaines dénudées, et, dans le lointain, des hauteurs qui doivent être les sommets du Guadarama. En revanche, à la vue des petits mamelons qui dominent le village d'Ataquinès, il nous revient à la mémoire ce petit couplet que composa, dans ce village, peu d'années avant de dévier, l'infortuné poëte andalous Don Rodrigo de Suteros :

Dos besos hay en mi vida
Que no se apartan de mi :
El ultimo de mi madre,
Y el primero que te dí.

Il y a, dans ma vie, deux baisers
Que je n'oublierai jamais :
Le dernier, celui de ma mère,
Le premier, que je t'ai donné.

Arevalo, où nous passons ensuite, ville célèbre au XIVe siècle, est située à environ une demie lieue de la gare. On nous arrête cinq minutes pour la contempler. Les habitants passent pour très malins et très économes. Comment en douter, quand on sait qu'ils ont établi leur cimetière au milieu des ruines d'une vaste cour batillée : « la vieille forteresse, ont-ils dit, est encore bonne pour garder les morts ; inutile de la démolir, nous aurons une nécropole à bon marché. »

La route s'élève de plus en plus : à Médina del Campo, nous étions à 700 mètres au moins au-dessus du niveau de la mer ; il nous faudra monter jusqu'à La Cañada, à une altitude de plus de 1560 mètres, c'est-à-dire au point le plus haut qu'ait encore atteint une voie ferrée, pour franchir les hauteurs du Guadarrama. Pendant longtemps les trains s'arrêtaient à San Chidrian, la dernière station après Arévalo ; et là, on prenait une diligence qui, en quelques heures, faisait franchir la montagne et conduisait à Villalba, où l'on pouvait remonter en wagon pour aller ensuite directement jusqu'à Madrid.

Le sol devient de plus en plus aride, de plus en plus dénudé. C'est à peine si on aperçoit, de loin en loin, quelques chênes-verts, chétifs et rabougris. Cela n'empêche pas les villageois de Velayos d'être contents de leur sort :

Ces villageois sont gens heureux,
Car le pois chiche (*garbanzo*) se vend chez eux.

Il paraît, en effet, qu'à Velayos, où l'on compte moins de mille habitants, le commerce des pois chiches atteint parfois des proportions considérables.

Puis bientôt, un spectacle, fantastique au clair de lune, vient distraire le voyageur de la monotonie du parcours. D'immenses blocs de grès, détachés de la montagne, sont répandus çà et là dans la plaine qu'ils semblent peupler de personnages et d'animaux gigantesques. Ces énormes blocs erratiques revêtent, en effet, les formes les plus diverses et les plus singulières. L'un d'eux représente, dit-on, un célèbre toréador de Madrid plongeant son espada dans le corps de sa victime aux longues cornes ! Un autre rappelle un roi de Castille assis sur son lit de justice. Il en est beaucoup qui ont l'air d'énormes lions couchés, de tigres passant ou d'animaux antédiluviens. Enfin, autour de ces êtres de pierre, rôdent en foule de vrais loups vivants qui font toutes les nuits le service des nombreuses bergeries des environs.

Avila, la dernière station importante

où nous devons nous arrêter avant d'arriver à Madrid, est une vieille place forte, entourée de murailles, jadis flanquée de quatre-vingts tours, et dans laquelle on pénétrait par neuf portes. Ces murailles sont aux nombre des plus appréciées de toutes celles que possédait l'Espagne au moyen âge. Construite par les architectes Casandro et Florian de Pituenga, elles furent achevées en l'an 1099. Les maisons, en granit presque noir, donnent aux rues un aspect lugubre. C'est sur le parvis d'une des églises d'Avila, l'église de San-Pedro, qu'eut lieu le premier auto-de-fe du tribunal de la sainte Inquisition. On raconte qu'en 1491, un juif de Quintanar proposa à quelques uns de ses coreligionnaires de se débarrasser du terrible tribunal, au moyen d'un sortilège consistant dans la composition d'un breuvage où entrerait une hostie consacrée et le cœur d'un jeune enfant. Nos bons juifs s'emparèrent donc d'un petit être de quatre ans qu'ils mirent à mort et achetèrent une hostie à un sacristain de Zamora. Dénoncés à temps au tribunal de l'Inquisition, ils furent condamnés au bûcher. Quant à l'hostie, on la plaça sur un tabernacle où elle n'a pas cessé depuis lors d'être offerte à l'adoration publique.

Dans une autre église, celle de San-Juan, on montre au touriste une lettre autographe de sainte Thérèse, qui y reçut le sacrement du baptême. Dans un des couvents de la localité, on a conservé d'autres reliques de la célèbre ascète : un de ses doigts, ses sandales de corde fabriquée avec du chanvre ou du sparte, son rosaire et sa crossse d'abbesse.

Il nous faut bon gré mal gré renoncer à esgarder à la fenêtre, car nous traversons à chaque instant de nouveaux tunnels. Peu après avoir quitté Avila, celui que nous avons parcouru mesure plus de mille mètres de longueur, et on n'en compte pas moins de seize entre cette ville et l'Escurial, sur une étendus d'environ soixante-dix kilomètres. Entre deux d'entre eux se trouve Las Navas, où les paysans viennent nous offrirent du lait de brebis.

Enfin nous apercevons le dôme de l'Escurial, ce singulier édifice qu'on peut aussi bien appeler temple, palais, monastère ou nécropole. On sait que Felipe II, lorsqu'il assiégeait Saint-Quentin, se croyant obligé de canonner l'église consacrée à saint Laurent, fit vœu d'édifier dans son pays une autre église plus belle en l'honneur de ce saint ; et que, pour mieux rappeler l'exécution de sa promesse, il voulut que le temple qu'il fit bâtir eût la forme d'un gril renversé, en commémoration du supplice dont fut victime le trésorier du pape Sixte II.

Nous passons ensuite à Torrelodones, petite localité, où, avant l'ouverture de la voie ferrée, on arrêtait poliment les diligences pour dévaliser les voyageurs. La réputation de cette petite localité a été transmise aux âges futurs, par ce dit-on populaire : « A Torrelodones, sur vingt habitants, on compte quarante voleurs ».

La plaine aride continue, continue toujours.

La locomotive a redoublé de vitesse. Le chauffeur veut-il rattraper le temps perdu et arriver un peu moins en retard, ou bien la compagnie du Nord a-t-elle l'amabilité de réduire ainsi pour les voyageurs la pénible impression que cause l'interminable désert que nous parcourons? Peu importe : nous approchons de la capitale la plus élevée de l'Europe (environ 600 mètres au-dessus du niveau de la mer) ; nous sommes à la gare de Madrid.

Nos nombreux colis remplissent tout entier un omnibus où nous avons peine à trouver une petite place pour nous-mêmes. L'omnibus nous conduit par la Porte de San-Vicente à la porte du Soleil, où il n'y a pas de porte. Nous descendons à l'hôtel de la Paix qu'on nous a indiqué comme l'un des meilleurs de la résidence royale. Il est huit heures du matin : dans un instant nous ferons une rapide reconnaissance de la ville et nous nous rendrons au Musée Archéologique.

XIII

Où et comment nous dressons notre tente pour un séjour de plusieurs semaines.

Il y a des villes où le mieux, pour le voyageur, est d'arriver à une heure avancée. L'aspect général de Londres, par exemple, quand on traverse pour la première fois la grande ville la nuit, a quelque chose d'immense qui fait rêver. Lorsque les ombres ont disparu, tout se métamorphose, s'amoindrit. En effaçant la première impression, tout se dépoétise, tout devient mesquin comme le trafic qui règne en maître absolu sur les deux rives de la Tamise.

A Paris, l'étranger doit faire son entrée un peu plus tôt, entre le crépuscule et la mi-nuit, au moment où la population se presse sur le long parcours des boulevards illuminés par les innombrables becs de gaz de la voie publique et par le brillant éclairage des boutiques.

Tout au contraire, à Madrid, il faut mettre pied à terre au point du jour, surtout si transporté directement de la gare du Nord au centre de la capitale, on descend à la Porte du Soleil. La Porte du Soleil, — ou la Puerta del Sol, comme on dit en castillan, — n'a pas, que je sache, de rivale en Europe. Ce n'est pas une porte, comme l'indique son nom ; c'est à peine une place, mais c'est l'endroit où bat le cœur de l'Espagne, c'est l'endroit où se trouve le véritable forum de Madrid. Le véritable forum d'une cité n'est pas toujours une place : c'est une rue, c'est un boulevard, c'est une avenue, c'est un carrefour, c'est un jardin, c'est un endroit quelconque, pourvu que cet endroit soit le foyer de la ville, son centre d'activité, le rendez-vous spontané des citoyens dans les circonstances solennelles ou palpitantes de la vie publique. Les grandes métropoles ont parfois des foyers multiples ; mais il est bien rare qu'il ne s'en trouve pas un qui soit particulièrement affectionné de la population. A Paris, c'était jadis le Palais-Royal : aujourd'hui c'est le boulevard des Italiens ; à Londres, c'est le Trafalgar-Square ou le Regent-Circus ; à Bruxelles, le boulevard Anspach ; à Amsterdam, le Dam ; à Berlin, Sous les tilleuls ; à Vienne, le Graben ; à Petersbourg, la perspective Nevski ; à Bucarest, la Place du Théâtre ; à Rome, le Corso ; à Madrid, la Puerta del Sol.

Si j'étais l'architecte choisi pour tracer le plan d'un forum, je trouverais probablement dans mes souvenirs de voyage bien des sujets d'études, bien des motifs de méditation. Et je jugerais d'autant plus utile d'étudier et de méditer le problème, qu'il me semble que la disposition d'un forum peut avoir l'influence la plus favorable ou la plus pernicieuse sur le développement moral et matériel des habitants d'une ville.

Rien de comparable, je le reconnais, à notre place de la Concorde et de l'Avenue des Champs-Elysées, qui en est le principal débouché. Mais les grandes dimensions de cette avenue, dimensions qui en font surtout la beauté, ne leur permettent guère de conserver, le soir, l'aspect animé qu'elles offrent pendant le jour. Les cafés chantants et leurs brillantes illuminations ne suffisent pas la nuit pour dissiper l'obscurité qui assombrit le tableau et le montre presque sans vie.

Il en est de même de Londres du Trafalgar-Square qui devient froid et insipide, dès que le jour a cessé. On n'a point cherché, comme sur la place de la Concorde, à tout tracer au cordeau, à tout soumettre aux règles d'une formule géométrique. Loin de là : le sol lui-même n'est pas de niveau sur toute son étendue et il faut gravir de nombreuses marches d'escalier pour passer d'un bout à l'autre. Les Anglais ont-ils vu là une question de pittoresque ? Je l'ignore. Toujours est-il que des escaliers sur un forum rendent la circulation difficile et fatigante pour les promeneurs. Le résultat, en somme, est assez peu satisfaisant.

Le boulevard Central de Bruxelles, qu'on a débaptisé pour l'appeler boulevard Anspach, est une large voie assez bien réussie, bien quelle semble avorter misérablement à une de ses extrémités où l'on serait tenté de dire qu'elle devient une impasse.

Le Dam, ou forum d'Amsterdam, avec

son tracé triangulaire et ses édifices de tous les styles, grec, ogival et renaissance, qui semblent hurler de désespoir de se rencontrer côte à côte, est loin d'être à mes yeux un modèle du genre.

L'Unter den Linden de Berlin est une charmante avenue d'arbres plantés entre deux larges rues qui conduisent de la place de l'Opéra et la Porte de Brandbourg. C'étaient là que les désœuvrés allaient, il y a peu d'années encore, passer la soirée en se donnant le plaisir solitaire d'engloutir les gâteaux et les bonbons que leur offraient à assez bon marché les établissements appelés Delicatessenhandlungen « marchands de délicatesses ».

Depuis quelque temps, on a établi, pour faire concurrence à ces dépôts de gourmandises, des cafés dans le genre de ceux de Paris. Ces cafés contribuent à donner à la grande artère une certaine animation ; mais la promenade qui en occupe le milieu et qu'isolent deux allées pratiquées pour les cavaliers sur toute sa longueur, assombrit trop la voie pour qu'on puisse la comparer à nos boulevards.

Le Graben de Vienne n'est ni une place, ni un boulevard : c'est le tronçon d'une grande rue dont le principal mérite est d'être sans cesse encombré de promeneurs. Impossible de passer d'un côté à l'autre, sans risquer de se faire écraser par les voitures qui cherchent péniblement à se frayer un passage. C'est un travail de voierie qui n'a pas été achevé.

La Nevskago Prospect de St-Pétersbourg est une grande chaussée rectiligne, froide comme tout ce qui entoure le Palais d'Hiver et les bords de la Néva. Il faut qu'un étranger soit intrépide comme un membre du club Alpin, pour se décider à la parcourir dans toute son étendue. Il semble qu'à l'extrémité opposée au château du Tzar, il ne doit y avoir rien autre chose que des steppes ou des solitudes sibériennes. En route pour l'autre bout, les Russes s'agenouillent un moment devant Notre-Dame de Kazan, et font une prière.

La Place du Théâtre, à Bucarest, est le centre d'activité de la cité; mais cette place ne répond plus à l'importance qu'à prise Bucarest, depuis que la Roumanie est devenue un royaume. Le patriotisme des Romains d'Orient leur fera certainement bientôt créer un forum plus en rapport avec la grandeur de leur destinée.

L'Italie ne manque pas de places remarquables à plus d'un égard. La plus originale est peut-être la Piazza della Signoria, de Florence, qu'on a comparée ıssez heureusement à un musée de sculpɹres en plein vent. La place de St-Pierre : Rome est une merveille d'architecture; ɩis ce n'est pas un forum; c'est la cour d'honneur de la basilique pontificale et du Palais du Vatican. Les autres places de la ville éternelle, si nombreuses et si remarquables au point de vue de l'art, ne répondent pas davantage à l'idéal du forum des nations modernes; et c'est encore la voie étroite du Corso qui est, à Rome, le centre de la vie et de l'activité dans la vieille capitale de l'empire des Césars.

Laissant de côté les grandes places d'une foule d'autres villes, la Puerta del Sol de Madrid est, en définitive, celle qui me satisfait le plus. Grâce à sa forme irrégulière et allongée, à ses dimensions peu considérables, puisqu'elle ne mesure guère que 200 mètres de longueur, sur 50 mètres de largeur, aucun endroit n'est désert, aucun point ne cesse d'être fréquenté aussi bien le matin que le soir. La circulation y est toujours commode, agréable, dans tous les sens. Dès le point du jour elle est inondée de lumière ; et lorsque la nuit arrive, l'élec-ctricité des farolas à trois branches s'associe au brillant luminaire des boutiques pour faire oublier l'astre radieux qui s'est un moment éclipsé.

Deux magnifiques bassins à gerbes d'eau continues donnent une agréable fraîcheur ; et, sans occuper un espace nécessaire à la circulation, ils fournissent sur leur pourtour un asile suffisant pour se garantir des tramways et des voitures qui débouchent de tous côtés sur cette artère principale de la grande cité castillane. D'autres petits refuges ont été établis çà et là pour rendre facile et sans danger la traversée de la voie dans les différentes directions.

Sur les larges trottoirs qui environnent la place de trois côtés, on a construit de petits kiosques lumineux pour la vente des journaux, des almanachs et des caricatures. A chaque pas, au milieu des innombrables groupes de flâneurs, circulent les marchands d'allumettes de cire au fosforos, de cure-dents de bois, de jouets d'enfants ou de billets de la Loterie Nationale. On y rencontre d'ordinaire peu de femmes, et celles qu'on aperçoit de loin en loin appartiennent toutes aux classes inférieures de la société. Les grandes dames ne sortent guère qu'en voiture, dans lesquelles elles parcourent rapidement, vers la fin du jour, les vertes avenues du Prado.

Un seul édifice public, l'ancien hôtel des Postes ou Correos, aujourd'hui le Ministère de la Gobernacion, a été élevé à l'exposition du nord. C'est un grand bâtiment, construit partie en briques, partie en pierres de taille, et qui fait angle avec la rue de las Carretas. A cet angle s'élève un mât, en haut duquel flotte le pavillon à bandes horizontales rouges et jaunes. Le monument n'a qu'un étage au-dessus d'un entre-sol assez bas. La porte d'entrée est établie sous un balcon d'honneur, que couronne un fronton triangulaire orné des armoiries royales d'Espagne, supportées par des trophées. Au-dessus, se trouve un petit belvédère à horloge, dont les trois cloches de différentes dimensions annoncent, en carillonnant, les heures, les demi-heures et les quarts-d'heure. Aux jours de fête, balcons et croisées sont tendus de draperies d'appni, les unes en velours cramoisi à crépines d'or, les autres en soie bigarrée aux couleurs espagnoles.

Partout ailleurs, sur la Puerta del Sol, ce sont de riches hôtels pour les voyageurs, ou de grandes et belles maisons d'au moins cinq étages, au rez-de-chaussée desquelles on a installé des magasins luxueux. Un vaste estaminet, le *Cafe Suizo*, s'étend sur toute la partie inférieure d'un bâtiment qui donne d'un côté sur la rue d'Alcala et de l'autre sur celle de San Geronimo.

Par sa position à peu près centrale dans Madrid, la Puerta del Sol est, non seulement un lieu de rendez-vous pour toute la population oisive de la capitale, mais c'est encore l'endroit où les étrangers sont à peu près sûrs de se rencontrer. Il n'y avait pas deux heures que nous avions quitté la gare du chemin de fer, et déjà nous avions pu serrer la main à une douzaine d'amis ou de compatriotes qui venaient sur cette place comme attirés par un foyer magnétique.

Notre hôtel, la *Fonda de la Paz*, situé sur le côté sud de la Porte du Soleil est certainement aussi bien tenu et aussi convenable que n'importe quel autre grand hôtel de l'Europe. On nous a donné, au second étage, de jolies chambres meublées coquettement, avec fenêtres sur la place. Sans sortir de chez nous, nous pourrons étudier la vie madrilène dans une foule de ses manifestations les plus intéressantes.

Le matin, on nous offre à choisir du thé, du café ou du chocolat. Le chocolat malgré son excellente qualité à Madrid, n'y est plus en honneur, comme il y a cent ans. Transporté du Nouveau-Monde en Espagne, dès le commencement du XVIIe siècle, il fut de suite très apprécié par les femmes d'abord, par les moines ensuite. Les belles castillanes le trouvaient tellement de leur goût, qu'elles en prenaient plusieurs fois par jour; on dit même qu'elles s'en faisaient apporter jusqu'à l'église.

Nous déjeunons et dînons à la table d'hôte. La nourriture est excellente, mais elle n'a aucun caractère local, ce qui nous tourmente un peu : si elle en avait beaucoup, il est probable que cela nous tourmenterait davantage. A l'exeption des *langostins*, sorte de grosses crevettes d'un goût excellent et que nous regrettons de ne pas retrouver à Paris, d'un mélange de viandes fortement assaisonnées qu'on appelle *olla prodrida* « pot pourri », et du pastèque à chair blanche ou rose, qui reparaît invariablement à la fin de chaque repas, la cuisine qu'on nous fait ne diffère en rien de celle des bons restaurants français. Les vins, eux-mêmes, ne sont généralement pas ceux que nous devions nous attendre à boire au-delà des Pyrénées; et le garçon nous offre imperturbablement une bouteille de vin de Bordeaux.

Contrairement à tous les usages du pays, un avis placardé dans la salle à manger, invite les convives « par égard pour les dames *étrangères* », à ne pas fumer la cigarette pendant le repas. Aussi ne rencontre-t-on presque jamais un véritable Espagnol à cette table d'hôte peu patriotique.

En somme, tout est bon, mais fort cher;

et lorsqu'on reçoit sa première note calculée en réales, on subit une assez désagréable surprise dont on ne revient que lorsqu'on s'est aperçu qu'il ne s'agit pas de francs ou de *pesetas*, mais seulement d'une monnaie de compte dont chacune ne vaut, en définitive, que 34 *maravèdis*, c'est-à-dire un peu plus de vingt centimes. Nous ne tardons pas à nous habituer à cette manière de compter, mais nous devenons moins aisément experts pour distinguer les pièces fausses qui circulent en quantité prodigieuse dans toute l'étendue des états de Leurs Majestés Catholiques. On ne reçoit pas la moindre pièce d'argent dans une boutique avant de l'avoir fait résonner plusieurs fois sur le comptoir ; et le marchand ambulant lui-même a bien soin de n'en accepter aucune avant de l'avoir fait rebondir sur l'asphalte ou sur le pavé.

Nous voilà donc très confortablement

établis à Madrid, et nous ne sommes pas fâchés d'être tombés sur un bon hôtel, car il est fort probable que notre séjour dans cette ville se prolongera beaucoup plus longtemps que partout ailleurs.

XIV.

Comment les gens de clergie ont grand métier de cantonner dans les Musées pour passer souëfment la vie.

Nous sommes à Madrid bien plus pour travailler que pour nous divertir en honorables touristes. Nous verrons les rues, les monuments, les promenades, les curiosités de toutes sortes..., quand nous n'aurons rien de mieux à faire. Avant tout, il faut nous mettre à la recherche des documents relatifs à l'archéologie du Nouveau-Monde, pour lesquels nous avons escaladé les Pyrénées.

L'Amérique retrouvée *(de novo reperta)* par Christophe Colomb, pour me servir de l'expression même de cet illustre navigateur, présente antérieurement au XVIe siècle, trois centres de civilisation intéressants à connaître : le Mexique, la région Isthmique et le Pérou. Cela ne veut pas dire que, dans une antiquité plus ou moins reculée, il n'y avait pas ailleurs, de l'autre côté de l'Atlantique, des nations assez avancées pour mériter la sollicitude du monde savant. Bien loin de là. Dans la zone occupée de nos jours par les États-Unis, florissait jadis le peuple encore énigmatique des *Mound-Builders*, « constructeurs de tertres », qui pourrait bien avoir joué un rôle considérable dans les vieilles annales de la civilisation indienne. Seulement l'histoire de ce peuple n'existe guère jusqu'à présent qu'à l'état d'hypothèse, et les principales investigations de la science se tournent naturellement du côté où les matériaux d'étude sont plus sûrs, plus nombreux et, en apparence au moins, plus importants.

Jusque dans ces derniers temps, on avait cru que le Nouveau-Monde, avant l'arrivée des Européens, n'avait pas connu cet art merveilleux de l'*écriture*, sans la possession duquel il n'y a point, pour les peuples, de progrès durable et continu. Alexandre de Humboldt, un des plus éminents américanistes de notre siècle, professait lui-même cette doctrine. On admettait assez généralement que les populations indiennes de l'Amérique n'étaient jamais sorties de la barbarie, et que leur rôle était, à peu de chose près, insignifiant dans l'histoire : une moitié du monde aurait ainsi vécu des milliers de siècles dans un état voisin de la sauvagerie, tandis que presque partout, dans l'autre moitié, on aurait su lire et écrire depuis des temps extrêmement reculés.

On considérait, en outre, l'écriture comme ayant été inventée dans un seul foyer, d'où elle aurait ensuite rayonné sur toutes les contrées de notre hémisphère. Comme conséquence forcée, on trouvait là un nouvel argument pour soutenir la supériorité *originaire* de certaines races, et l'infériorité *permanente* de certaines autres.

Les travaux récents de l'américanisme ont démontré l'inexactitude de cette théorie et prouvé que non-seulement l'écriture existait au Nouveau-Monde avant le siècle mémorable de Ferdinand et d'Isabelle, mais que certaines populations transatlantiques, celles du Yucatan, par exemple, avaient sculpté sur la pierre et sur le bois des textes écrits, et même possédé de véritables livres de bibliothèque. Malheureusement les anciens missionnaires espagnols, poussés par le fanatisme religieux, ont anéanti presque tous ces livres. Diego de Landa, second évêque de Mérida, au

Yucatan, raconte, en effet, que les Indiens possédaient un grand nombre de manuscrits ; « mais comme il n'y en avait aucun qui ne fût imbu des superstitions et des faussetés du diable », il les fit tous brûler, ce qui leur causa une affliction qu'ils ressentirent profondément.

Ces actes de foi criminelle *(auto de fé)*, qui faisaient voler aux Indiens d'innombrables documents précieux pour les entasser en monceaux sur la place publique, où des mains ignorantes venaient les anéantir par le feu, eurent pour résultat de faire disparaître, à peu près tout entière, une littérature qui devait être considérable, si l'on en croit les données des vieux auteurs Espagnols, et qui représentait, en tout cas, le travail intellectuel de la moitié de notre globe, pendant de longues successions de siècles. On chercherait vainement, dans l'histoire, un pareil acte de vandalisme, consommé avec un si déplorable succès. La destruction des anciens livres chinois, au IIIe siècle avant notre ère, sous le règne du terrible despote Tsin-chi-Hoang-ti, fut loin d'entraîner de pareils désastres.

La perte de la Bibliothèque d'Alexandrie, dont une légende douteuse attribue la destruction, en 641, à un ordre du second khalife Omar Ier, ne saurait elle-même être comparée aux hautes œuvres exécutées par les apôtres du Saint-Évangile dans le Nouveau-Monde.

On se décide difficilement à croire que, malgré le zèle stupide de Diégo de Landa et de ses complices, les Indiens ne soient pas parvenu à soustraire quelques-uns de ces manuscrits pour lesquels ils professaient un religieux respect, et, depuis bien des années, les savants s'efforcent de découvrir la trace de ceux qui auraient pu échapper à l'incendie. Lors de l'expédition française au Mexique, en 1864, Napoléon III ordonna que des recherches minutieuses fussent entreprises, à l'effet d'obtenir *à n'importe quel prix* ce qu'on pourrait trouver de monuments originaux de la littérature yucatèque. Les ordres formels de l'empereur, aussi bien que les recherches des savants, n'aboutirent à aucun résultat ; et les gouvernements du Mexique et des États-Unis eux-mêmes, malgré les puissants moyens dont ils disposent, ne parvinrent pas à obtenir, pour leurs grands dépôts publics, le moindre spécimen de cette littérature antique de leur patrie.

L'Europe seule a l'honneur de posséder quelques-uns de ces manuscrits, dont la rareté l'emporte sur tout ce que les grandes bibliothèques des deux mondes peuvent avoir de plus précieux et de plus extraordinaire.

Jusqu'à présent, on ne connaissait que trois documents originaux de ce genre, les uns et les autres écrits sur un tissu recouvert des deux côtés d'une légère couche de chaux à l'effet de permettre le tracé des caractères, et disposés en forme de paravent.

Le plus beau et le plus étendu appartient à la Bibliothèque Royale de Dresde : on y trouve, outre le texte, de nombreuses figures dessinées et peintes avec grand soin. Reproduit, en 1843, par la lithographie, dans les *Antiquities of Mexico* de Lord Kingsborough, il a été tout récemment l'objet d'un admirable fac-similé héliographique publié par les soins de l'éminent Dr Fœrstemann.

Le second est conservé à la Bibliothèque Nationale de Paris, où l'on ignora pendant longtemps sa valeur et sa provenance. Désigné sous le nom de *Codex Mexicanus* n° 2, et plus tard sous celui de *Codex Peresianus*, il a été photographié à quelques exemplaires et publié de la sorte par ordre de M. Victor Duruy, alors ministre de l'Instruction publique.

Le troisième fait partie de la collection particulière de M. Tro y Ortolano, à Madrid ; il a été reproduit en fac-similé chromolithographique à l'Imprimerie Nationale de Paris sous le titre de *Codex Troano*, par les soins de M. Léonce Angrand, ancien consul de France au Pérou.

Là se bornait, jusqu'à présent, toute la bibliographie Yucatèque. Un passage écrit par l'abbé Brasseur de Bourbourg, dans l'étude qu'il joignit à l'édition du manuscrit de M. de Tro, éveilla mon attention. Ce passage est ainsi conçu : « L'exposition de quelques unes des épreuves du *Manuscrit Troano*, au Champ-de-Mars, en 1867, a ouvert les yeux aux Espagnols sur la valeur des trésors oubliés, depuis la conquête, dans la poussière de leurs bibliothèques : un quatrième document de ce genre s'est produit et des photographies (deux pages) ont été envoyées à Paris. Depuis lors, j'ai appris que, sur la nouvelle de la reproduction du premier, plusieurs autres (?) venaient d'apparaître à la lumière : il y a donc lieu d'espérer que la publication de ce monument antique de l'épigraphie américaine contribuera à tirer de l'obscurité la plupart de ceux qui gisent encore enfouis dans les cabinets privés ou publics d'Espagne. »

Il n'en fallait pas davantage pour nous décider à entreprendre un voyage au-delà des Pyrénées. D'après mes renseignements, le quatrième manuscrit, auquel faisait allusion l'abbé Brasseur, proposé successivement à plusieurs bibliothèques publiques de l'Europe, entre autres à la Bibliothèque Nationale de Paris, avait fini par être vendu au gouvernement espagnol et déposé au Musée Archéologique de Madrid. Ce fut donc par la visite de ce musée que commencèrent nos investigations dans la noble capitale de la Vieille-Castille.

Le *Museo Arqueológico* a été créé par un décret de la reine Doña Isabel II, qui décidait en même temps la formation de musées d'antiquités provinciales dans chaque capitale de province ou pueblo de quelque importance. Il occupe plusieurs bâtiments d'un étage situés au milieu de vastes jardins; son entrée donne dans la *calle de Embajadores*. Dans un de ces bâtiments, on a réuni un petit ensemble de monuments de l'antiquité, égytiens, phéniciens, grecs, romains, et une suite assez importante de productions du moyen-âge, ainsi que de belles séries de médailles.

Dans un vaste hangar séparé du reste du Musée, on a établi une Collection Ethnographique peu considérable, il est vrai, mais assez importante par la valeur d'un certain nombre d'objets qui en font partie. C'est là qu'est conservé le fameux manuscrit maya, appelé *Codex Cortesianus*, parce qu'on suppose qu'il a appartenu jadis à Fernand Cortez. Ce manuscrit, composé de quarante-deux feuillets, a été encadré dans un châssis, entre deux glaces, de façon qu'on puisse l'examiner au recto et au verso. D'autres antiquités américaines ont été également déposées dans cette section, notamment des *katouns* ou pierres hiéroglyphiques yucatèques, des sculptures indiennes, des outils d'obsidienne, etc.

En l'absence du directeur nominal du Musée Archéologique, le poète dramatique Don Antonio Garcia Gutierres, le conservateur effectif Don Juan de Dios de la Rada y Delgado, après nous avoir fait visiter en détail toutes les salles, voulut bien mettre à notre disposition, de la façon la plus grâcieuse, le fameux *Co-*

dex Cortesianus et les autres objets yucatèques confiés à ses soins.

M. le professeur de la Rada est un des archéologues les plus actifs et les plus distingués de l'Espagne. Il a rapporté de ses voyages une foule de curiosités qui ont enrichi surtout la section orientale du Musée Archéologique. On lui doit, en en outre, d'importantes publications rédigées avec le plus grand soin et ornées de belles figures.

Le soir même de notre arrivée à Madrid, l'*Academia Real de la Historia*, dont j'ai l'honneur de faire partie, tenait sa séance hebdomadaire. M. de la Rada m'invite à y assister, ainsi que M. Oppert qui revenait de Lisbonne. Bien qu'un peu fatigué, je me décide à m'y rendre. Sur l'invitation du président, M. Oppert fait une communication sur l'ambre chez les Anciens, et moi je traite pendant trois quarts d'heure de l'interprétation de l'ancienne écriture hiératique de l'Amérique Centrale.

Dès le lendemain, nous entreprenions au « Museo Arqueológico » la reproduction photographique du fameux *Codex Cortesianus*, et des autres antiquités mayas sur lesquelles M. de la Rada avait eu l'amabilité d'appeler notre attention. L'accomplissement de ce travail nous obligea à nous rendre à peu près tous les jours au Musée pendant plus de deux semaines. De temps à autre, notre travail était interrompu par l'arrivée de savants espagnols ou étrangers qui venaient s'entretenir avec nous du sujet spécial de nos études. C'est ainsi que nous avons eu un jour la surprise de nous rencontrer avec notre ami, M. Henry Schliemann, au moment où nous nous disposions à photographier quelques sculptures yucatèques. L'infatigable explorateur des ruines de Troie a bien voulu poser, avec M. de la

Rada, à côté des monuments dont nous tenions à conserver le souvenir.

Quant à nos soirées, elles étaient employées le plus souvent à faire des visites aux principaux savants de Madrid. La première, nous la devions au vénérable doyen de l'érudition castillane, à Don Vicente Vasquez Queipo, délégué général de l'Institution Ethnographique pour l'Espagne.

L'Institution Ethnographique, fondée en 1877, est une association internationale des hommes de science (sciences, littérature et beaux-arts), dont le but est de faciliter les relations des savants disséminés sur toutes les contrées du globe ; de leur assurer, dans leurs voyages, aide et protection pour la poursuite de leurs recherches et de leurs études ; de leur fournir le moyen, aussitôt leur arrivée dans une ville, d'entrer en relation immédiate avec les savants qui y résident, et de leur procurer les renseignements qui peuvent leur être utiles pour l'accès des bibliothèques et des musées publics ou particuliers ; de provoquer ou d'encourager la fondation de sociétés destinées à entreprendre des investigations nouvelles; de provoquer ou de faciliter la création de bibliothèques et de musées spéciaux, principalement dans les localités éloignées des grands centres scientifiques ; de provoquer ou d'organiser des cours et conférences pour l'enseignement des branches d'étude non encore représentées dans l'enseignement public ; de faciliter les échanges internationaux de livres et d'objets d'étude, et de faire des distributions gratuites de ces objets ; d'aider les savants de sa publicité ; d'encourager enfin, par tous les moyens en son pouvoir, les entreprises les plus utiles au progrès de la science et de la civilisatiou scientifique.

A cet effet, l'Institution Ethnographique établit, dans les différents pays, des *Délégués*, sortes de consuls scientifiques, chargés de coopérer à l'œuvre confraternelle qu'elle se propose d'accomplir.

Un homme d'étude entreprend un voyage en vue de poursuivre ses recherches dans des bibliothèques et des musées étrangers, et de communiquer ses idées, ses projets, aux savants qui s'adonnent au même ordre d'investigations. Il arrive dans une des villes où il s'est proposé de s'arrêter, descend au premier hôtel venu, et, lorsque la nuit arrive, se rend à un café pour se distraire de son isolement. Avant son départ, il s'est procuré quelques noms de personnes distinguées de la localité et se préoccupe du moyen de découvrir leur domicile. Le maître d'hôtel n'a jamais entendu parler de la plupart d'entre eux, et c'est à grand'peine si le lendemain, il obtient de vagues renseignements en entrant dans la boutique d'un libraire. M. X... a quitté la ville depuis bien des années ; quant à M. Y..., il habite, croit-on, une villa aux environs, mais on ne sait pas bien où est cette villa. Notre voyageur se rend alors au Musée, à la Bibliothèque ; mais pour entrer au Musée, il faut obtenir une carte, et la Bibliothèque est fermée pour un mois. Huit jours se passent en courses inutiles, en temps perdu au café. Le visiteur a obtenu une carte d'entrée au Musée, mais ce qui l'intéresse n'est pas exposé dans des vitrines, et d'ailleurs il ne sait pas au juste ce que la collection locale renferme d'objets de nature à l'intéresser. L'employé du Musée, qu'il ne connait pas, lui donne les plus vagues indications ; le conservateur seul pourrait lui en dire davantage, mais ne sachant comment se faire présenter au conservateur, il renonce à ses projets, d'autant plus que le temps fixé pour son séjour dans la ville en question est écoulé et qu'il a hâte d'arriver dans une autre ville où les circonstances seront peut-moins contraires à ses espérances.

A sa seconde étape, mêmes retards, même perte de temps, même insuccès. Notre voyageur continue sa tournée, et revient chez lui sans avoir eu, le plus souvent, d'autre résultat que de s'être promené dans beaucoup de rues, et d'avoir visité, moyennant finances, les monuments qui sont offerts journellement à la curiosité des plus vulgaires touristes.

L'homme d'étude en question fait-il, au contraire, partie de la grande association internationale de l'Institution Ethnographique : avant son départ, il s'est muni d'une lettre de recommandation, appelée *Diplôme circulaire*, qu'à son arrivée à chacune de ses stations il va tout d'abord présenter au *Délégué* de la localité. Celui-ci aura été averti par l'agent de l'Institution de l'arrivée du voyageur et du but de son voyage. Aussitôt, le Délégué l'accueillera comme un ami, lui fournira tous les renseignements qu'il pourra désirer sur la localité, lui désignera les savants qui s'y occupent du sujet même de ses recherches, lui remettra pour eux des lettres d'introduction, et lui facilitera l'accès des Musées et des Bibliothèques, parfois même lors que ces établissements seront momentanément fermés au public. Si l'importance des travaux du voyageur le rend désirable, le Délégué réunira chez lui les principaux érudits du pays et les lui présentera. Tous ses instants seront utilement employés : il ne quittera la ville qu'après avoir atteint et souvent dépassé le but de ses espérances. Partout où il ira, le même accueil lui sera assuré, et le Délégué de sa première station lui rendra ses prochaines visites encore plus fructueuses, par de nouvelles recommandations à ses collègues des localités voisines.

Dans de précédents voyages, à Saint-Pétersbourg, à Helsingfors, à Luxembourg, à Florence, à Stockholm, nous avions eu, mon compagnon ou moi, l'occasion de reconnaître par nous-mêmes l'utilité de l'Institution Ethnographique. A Madrid, l'accueil offectueux de l'éminent représentant de cette association internationale, Don Vicente Vasquez Queipo, nous a prouvé une fois de plus qu'elle répondait à un besoin réel des travailleurs qui voyagent pour élargir et féconder le champ de leurs investigations scientifiques.

XV

Est justifié le proverbe suivant lequel il vaut mieux passer son temps à adamagier que de le passer à ne rien faire du tout.

Que faire de notre premier dimanche ? Le Musée est fermé, et nous n'avons pas eu le temps de nous informer s'il y avait à Madrid quelque chose d'intéressant à visiter un jour de fête. De grandes affiches annoncent la vingt-et-unième *corrida*, à la *plaza de Toros*, et depuis le lever du soleil, on n'entend parler de toutes parts que de la brillante représentation qui doit avoir lieu cette après-midi. Les billets d'entrée font prime; on se les arrache dans notre hôtel. Tant mieux : nous trouverons peut-être là un argument pour ne pas nous laisser entraîner à suivre le torrent, et nous irons nous reposer et rêver du côté du pont de Tolède.

L'Esprit malin, se jouant de mes répugnances, partagées d'ailleurs par mon acointe, vint mettre entre ses mains deux billets payés fort cher pour des places à l'ombre, à la *sombra*, c'est-à-dire pour les places les plus recherchées, les Espagnols goûtant peu, en pareille occasion, l'avantage d'avoir le soleil de leur côté. Les billets une fois pris, nous nous disons qu'il est peut-être singulier de parcourir l'Espagne, sans savoir autrement que par ouï-dire ce que c'est qu'une course de taureaux; et, nous laissant aller à je ne sais quel ramollissement du cerveau, nous nous décidons à nous rendre à l'arène.

Je n'ai point le goût de raconter ici les péripéties d'un spectacle si souvent décrit jusque dans ses moindres détails. Il me tarde, au contraire, d'en finir avec un chapitre que ma plume semble se refuser à écrire.

Les courses de taureaux, ces ignobles et honteuses exhibitions de la noble nation espagnole, ne peuvent avoir qu'une influence détestable sur le caractère d'un peuple. La religion chrétienne a bien raison de rendre moralement responsable des accidents qui peuvent se produire ceux qui, par le fait de leur présence, encouragent les acrobates à se livrer aux exercices les plus périlleux. Quiconque provoque ou facilite l'accomplissement d'un acte que la conscience réprouve, est complice de cet acte. C'est une mauvaise raison de dire qu'il faut bien que saltimbanques et toréadorès vivent de leur métier. Si leur métier est mauvais, coupable, dégradant, qu'ils en choisissent un autre. A-t-on donc trop de bras pour l'agriculture, cette source intarissable de la richesse des nations, et la terre est-elle trop impuissante, trop ingrate, pour ne pas accorder un salaire à qui travaille à la féconder? L'Espagne ferait bien mieux de défricher ses steppes, d'ouvrir des routes, de reboiser le versant de ses montagnes, que de se livrer périodiquement à la joie sauvage et démoralisatrice de voir éventrer des roncins et martyriser des taureaux.

L'Espagnol n'est pas tellement privé du sens moral qu'il ne sente combien ces jeux dégoûtants le ravalent et le dégradent, en l'abaissant au niveau des Malays, qui ne comptent en ce monde que lorsqu'ils font batailler des coqs. Il comprend certainement tout le côté hideux de ces grossiers plaisirs, et il éprouve le besoin de se donner le change à lui-même. Il cultive, sans doute, la doctrine qu'il est avec le Ciel des accommodements, et il sait comment on peut arriver à se tromper, dans son for intérieur, sur le crime de lèse-idéal. L'homme a trouvé plus d'un moyen d'échapper au remords. De même que jadis, en certains pays, les criminels, s'ils étaient nobles, avaient le privilège d'avoir la tête tranchée, tandis qu'un autre supplice, celui de la potence, était réservé aux vilains; de même, le remords est réservé aux âmes sensibles, dont le cœur palpite sous l'impression de la conscience et de la pensée. Les défectuosités du langage fournissent à l'homme le moyen de se tromper lui-même. Tel serait honteux de mentir, s'il ne pouvait qualifier ses mensonges de finesse d'esprit; tel autre ne se serait jamais décidé à voler son prochain, s'il n'avait pu se mettre en tête qu'il lui avait fait adroitement un escamotage; tel autre, enfin, n'a osé commettre un assassinat que parce qu'on dit que le meurtre du prochain couvre de gloire sur les champs de bataille.

Ne voit-on pas les Sociétés protectrices des animaux encourager l'hippophagie, sous prétexte que livrer le cheval au boucher, c'est lui éviter des souffrances, alors que, vieilli au dur et pénible service de son maître, le travail de l'animal docile et fidèle ne peut plus rapporter autant que le débit de sa viande, de sa peau et de ses os? J'ai toujours trouvé ce raisonnement détestable; et je crois que la répugnance de l'être sensible à voir augmenter le nombre des espèces sacrifiées à l'appétit du seul bimane carnivore, honore plutôt qu'elle n'abaisse l'être penseur et conscient.

Les Espagnols, pour se faire pardonner

les courses de taureaux, sentent bien qu'il ne leur suffit pas de dire, comme ils le font pour n'avoir pas à s'expliquer sur certaines singularités de leurs manières de vivre : « cosas de España » *(affaires de l'Espagne)*, c'est-à-dire affaires qui ne regardent que l'Espagne, qui ne regardent pas les étrangers. Ils éprouvent le besoin de donner des raisons : les chevaux sacrifiés dans les cirques sont des bêtes usées, réformées, glandées, morveuses, rogneuses, farcineuses, déjà numérotées pour être dépouillées, cisaillées, tenaillées, épaultrées, exenterées, découpées, débezillées, dehinguandées par l'équarisseur. S'il n'y avait pas de corridas, le mieux à faire serait de les employer à quelque usage du genre de la pêche aux annélides suceurs. Introduit dans l'étang, le roncin y demeure jusqu'à ce que son corps soit entièrement lardé de sangsues ; on le fait sortir de l'eau pour détacher la récolte suspendue à ses chairs sanguinolentes, et on l'y fait retourner pour remplir le même office, jusqu'à ce qu'enfin, complètement épuisé et mourant, on le fasse sortir de la mare une dernière fois pour l'abattre, le dépecer et employer ses reliefs en guise d'engrais.

C'est donc par bon cœur que l'Espagnol conduit ses vieux chevaux à la *plaza de Toros*, pour les faire éventrer. Le cheval destiné à la boucherie, est tué en un instant par le toucheur expérimenté, si tant est que celui-ci n'ait pas à refaire sa cigarette pendant le cours de l'opération. Le cheval désentraillé dans les arènes castillanes et qui obéit au picador et galope sur son ordre, lors même que ses intestins à moitié sortis de son corps jonchent déjà le sable, meurt lentement, les yeux bandés, sentant seulement les souffrances qu'une foule enivrée de carnage se fait un plaisir immonde de lui voir endurer. Si, privé de ses entrailles et abandonné par son sang qui s'échappe de toutes parts, le malheureux animal tombe sans plus pouvoir se relever, le bâton du *chulo* lui défend de mourir trop vite pour la satisfaction de la noble assistance. Quand il ne donne plus signe de vie apparente seulement, des valets d'écurie viennent lui administrer le coup de grâce, à moins que, trop préoccupés du spectacle dont ils sont les infimes acteurs, ils ne songent à s'acquitter de ce devoir que lorsque l'attention ne sera plus fixée sur les glorieuses escapades du bandereiro ou de l'espada.

En dépit de tous les raisonnements, le sentiment moral s'accorde assez peu avec la doctrine suivant laquelle on doit faire un mal que la conscience réprouve, alors que le motif est d'éviter l'accomplissement d'un plus grand mal encore. La jeune fille chaste n'accepte pas même de son ravisseur un baiser sur le front, eût-elle l'espoir que cette complaisance lui gagnera le temps nécessaire à l'arrivée du secours et retardera le moment où celui-ci voudra déposer le baiser sur ses lèvres.

A l'honneur de la Madrilène à la noire mantille, je dois dire qu'à la seule course où nous avons assisté, les femmes se trouvaient en très infime minorité. Et parmi celles qui encourageaient par leur présence cette débauche du sentiment, je n'en ai vu que de vieilles et de laides. L'une d'elles, qui habitait dans notre Fonda, racontait le soir, à la table d'hôte, les scènes palpitantes qui l'avaient émerveillée dans la journée. Avec un singulier talent de mimique, elle prenait plaisir à imiter les mouvements du taureau. Infortuné Shakespeare, si tu l'avais vue, combien eussent été plus effrayantes encore les sorcières de ta Lady Macbeth!

Les dames de la haute société espagnole, avec lesquelles j'ai eu occasion de causer de courses de taureaux, m'ont toutes manifesté, pour ces sanglantes exhibitions, un dégoût dont je ne me crois pas le droit de soupçonner la sincérité.

XVI

Où l'on voit des savants qui dorment et des aveugles qui disputent des couleurs.

Notre séjour à Madrid sera beaucoup plus long que nous l'avions prévu. De tous côtés nous trouvons d'intéressants sujets d'études, et les savants de la noble ville sont certainement les hommes les plus aimables du monde. Nous nous sommes tellement babitués à vivre dans leur milieu, que nous ne nous croyons plus en voyage. Notre installation est d'ailleurs aussi complète que possible ; c'est à peine si nous songeons que nous habitons à l'hôtel. Quand, au retour de nos promenades, nous retrouverons la *Puerta del Sol*, nous ne manquons pas de dire : « nous voilà chez nous ! »

Il est bien certain qu'à Paris on se fait une assez faible idée des ressources scientifiques de l'Espagne. A peine y connaît-on, en fait de littérature ancienne, une douzaine de bons auteurs après Cervantès, Calderon et Lope de la Vega ; en fait de littérature moderne, autre chose que des traductions de romans français. On sait vaguement qu'il existe à Madrid plusieurs grandes académies, mais leur publications ne se rencontrent nulle part. Dans le domaine de l'érudition, c'est tout au plus si l'on parvient à citer quelques noms, et les branches spéciales de la recherche contemporaine y paraissent à peine représentées par des hommes d'une valeur incontestable.

Ces hommes, il n'est cependant pas

difficile de les découvrir, lorsqu'on réside quelque temps dans le pays ; mais ils sont inconnus au dehors, parce que la plupart passent leur vie à préparer des travaux de bénédictins qu'ils ne publient jamais, et que lorsque, par exception, ils font paraître un ouvrage, quelques rares exemplaires seulement sont lancés au hasard par-dessus les Pyrénées.

Mon compagnon, grand amateur de beaux et bons livres est sans cesse à la piste de tout ce qui paraît d'intéressant dans les diverses branches des connaissances humaines. Moi-même, je suis un peu au courant des travaux de l'érudition étrangère. Eh bien! nous avons eu, chaque jour à Madrid, la surprise de voir à l'étalage des libraires, des volumes dont nous ignorions même le titre, de nous trouver mis en rapport avec des hommes profondément instruits dont nous n'avions jamais entendu mentionner le nom à Paris.

Les savants espagnols, je le crains bien, sont un peu cause du peu d'écho qu'ont leurs études dans le reste du monde. Ils négligent trop peut-être leurs relations avec l'étranger, et s'endorment peut-être aussi trop complaisamment à l'ombre des lauriers dont leur conscience les a déclarés dignes. L'émulation leur fait défaut, et leurs œuvres, comme les poésies des antiques sibylles, sont sans cesse abandonnées au gré de la brise.

Il serait cependant injuste de reprocher à tous les érudits de l'Espagne, ce manque d'activité qui est si contraire à la réputation scientifique de la vieille population castillane. J'ai rarement vu savant plus curieux, plus instruit, plus laborieux, plus dévoué à la poursuite de ses idées, que le jeune conservateur du Musée Archéologique. Les monuments dont il a su enrichir la précieuse collection confiée à ses soins, forment un ensemble aussi considérable que digne d'intérêt. Ses publications déjà nombreuses révèlent un archéologue distingué, un artiste expert, un écrivain judicieux et infatigable. M. de la Rada est-il un exemple de la nouvelle génération scientifique dans son pays ? Qu'il soit permis de l'espérer.

Il peut se faire que la situation de la science et de la littérature en Espagne, provienne de l'insuffisance de son enseignement supérieur. Comment se peut-il, par exemple, que dans un royaume en relation avec les peuples les plus éloignés des deux hémisphères, on n'y enseigne pas publiquement les langues asiatiques et américaines ? Comment se peut-il qu'il n'y ait point une chaire où l'on expose l'idiome des îles Philippines ? Comment n'a-t-on pas eu l'idée, dans une contrée qui la première a connu l'Amérique, de créer un cours d'histoire et d'archéologie américaines? On ne s'explique ces incroyables oublis que par les fréquentes révolutions politiques qui, dans un siècle, ont bouleversé plusieurs fois l'ordre social et déplacé périodiquement le courant des idées.

Ce n'est pas que les établissements d'instruction publique, les Sociétés savantes et les Musées, manquent à Madrid. L'enseignement secondaire notamment y est donné par d'excellents maîtres; mais l'enseignement primaire n'a pas été perfectionné comme dans la plupart des autres pays de l'Europe, et l'enseignement supérieur a besoin d'être complètement réorganisé.

Les sociétés savantes subissent les conséquences de l'insuffisance du haut enseignement; le personnel autorisé n'y est pas assez nombreux, les différentes branches de la science n'y sont pas représentées comme elles pourraient l'être.

Quant aux musées, ceux de peinture surtout, comptent parmi les plus riches du monde entier. Seulement, il ne suffit pas d'étaller aux regards les chefs-d'œuvre de l'art de toutes les écoles : il faut encore fournir les moyens de comprendre et d'apprécier les productions du génie artistique. Plus je visite de musées de peintures, — où je l'avoue, j'étudie peut-être trop les visiteurs et pas assez les tableaux, — plus j'arrive à cette conclusion que le résultat le plus clair qu'obtient le public, c'est de s'habituer à apprécier la peinture, comme les aveugles à juger des couleurs. La masse, qui a cependant droit à l'instruction, n'apprend rien ou presque rien, surtout en fait d'art, dans les plus excellentes galeries. Les voyageurs eux-mêmes, qui devraient être mieux préparés pour bien voir, comprennent généralement fort peu et ne sentent pas davantage. Ils connaissent une vingtaine de noms d'artistes anciens : leurs productions seules les intéressent, et ils les admirent de confiance. La première question pour eux, est de savoir s'il y a des « Raphaël ». Quand on leur en a montré quelques-uns, ils consentent alors à se préoccuper des Rembrandt, des Van Dyck, des Rubens et des Murillo. Ils ne s'arrêtent un instant devant un chef-d'œuvre anonyme qu'autant qu'un guide consciencieux et un peu entêté insiste pour les contraindre à le regarder. La peinture moderne, avec ses couleurs fraîches et brillantes, seule leur donne presque toujours une véritable satisfaction ; mais là encore, ils sont guindés par la crainte de passer pour de médiocres connaisseurs qui admirent les productions modernes et vulgaires, et qui ne savent pas trouver belles les créations célèbres du génie des autres siècles.

Au fond, je ne trouve qu'un tort à ces visiteurs inexpérimentés : c'est de ne pas avouer franchement ce qu'ils pensent et les impressions qu'ils éprouvent. Des autres torts, j'en accuse l'imperfection flagrante de l'enseignement public. Nos instituteurs ont trop souvent le défaut, capital suivant moi, de vouloir inculquer des idées toutes faites et en quelque sorte stéréotypées dans l'esprit de leurs elèves. Combien de jeunes gens diplômés par plusieurs facultés n'ont pas la moindre conscience du talent de Raphaël ou du génie d'Homère? Il est convenu que les productions de l'un et de l'autre, chacune en son genre, sont des productions sublimes. Cela suffit. Si on demandait à ces admirateurs de convention, ce qu'ils trouvent de si merveilleux dans l'*Iliade* ou sur les fresques du Vatican, à quelle désagréable surprise ne seraient-ils pas exposés? L'interrogateur leur paraîtrait certainement fort indiscret, et au fond serait un être impoli ; car il est toujours malséant de mettre son prochain dans l'embarras.

Il en est un peu de la peinture comme de la musique : on admire sans se rendre compte pourquoi on admire. C'est, dit-on, affaire de goût et de sentiment. La réponse me semble insuffisante. Le proverbe suivant lequel, « on ne dispute pas des goûts et des couleurs », signifie, qu'il n'y a pas de règles pour le goût, te qu'en conséquence, ce que l'un trouve beau, l'autre le trouvera laid, sans qu'il y ait moyen d'établir lequel des deux a raison et lequel a tort. Ce proverbe, je le juge insolent et tribouleur ; celui qui admire quelque chose sans savoir pourquoi, est comme quelqu'un qui parle sans savoir ce qu'il dit. Avec celui-là évidemment on ne discute pas, parce que la discussion exige au moins deux personnes qui réfléchissent et raisonnent, et non point, face à face, un penseur et une brute.

S'il n'y a point de règle pour le beau, c'est qu'il n'y a pas de beau; et s'il n'y a pas de beau, il n'y a pas davantage de bien, pas davantage de vrai. Cette théorie saugrenue d'une pauvre école ne peut être professée logiquement que par des gens qui consentent à ne rien soutenir du tout; et alors, si ces gens ne soutiennent rien, ils ont tort de parler, et chaque fois qu'ils parlent, ils perdent, comme dit le peuple dans son gros bon sens, une belle occasion de se taire.

La question du bonhomme Pourquoi, en fait de matière musicale, est délicate, embarrassante............. J'ai cependant des idées très arrêtées à ce sujet, mais il me plairait peu de les énoncer dans un endroit où je ne puis leur donner le développement qu'elles comportent. Et d'autant plus que ces idées feraient disparaître les accords de la musique sous les hurlements des mélomanes. Je crois à une musique de l'avenir, mais à une musique qui ne ressemble pas plus à celle de la cour de Munich que la science du grand Albert à la chimie des temps modernes. D'ailleurs, je m'occupe en ce moment des musées de peintures et non point de concerts d'orphéonistes.

En fait de peinture, l'appréciation d'une œuvre repose sur des considérations multiples, qui ne sont pas, à beaucoup près autant qu'on le dit souvent, des considérations de caprice ou de sentiment. Plusieurs d'entre elles, je me risquerais presque à dire *toutes*, — ont, au contraire, la précision de principes mathémathiques. Il faut d'abord que l'esquisse soit bien conçue, et pour qu'elle soit bien conçue, il faut que toutes les exigences de la perspective aient été respectées. Or, l'art de la perspective a des lois rigoureuses qui n'ont rien à voir avec la fantaisie. Comme corollaire de la perspective, il faut que l'artiste ait tenu exactement compte de la théorie des ombres; et là encore il s'agit d'une théorie précise comme des préceptes de géométrie. Il faut enfin qu'il ait fait une heureuse application de la gamme des couleurs. C'est évidemment ici qu'on est tenté de croire à la suprématie, du caprice ou du sentiment. La raison, abandonnée à elle seule, eut suffi jadis pour contester cette suprématie ; les progrès des sciences viennent démontrer aujourd'hui par des faits ce qui avait été tout d'abord affirmé par de pures concepts de la pensée, à savoir que les rapports et les combinaisons des couleurs sont réglés par des lois formelles et positives. Ces lois, les artistes supérieurs des temps passés les ont ignorées complètement, mais leur génie les a pressenties. De même que les grands poètes, en faisant mouvoir les plus vigoureux rouages de leur âme, arrivent parfois à formuler des idées puissantes dont ils n'ont que vaguement conscience et dont les siècles futurs pénétreront seuls la profondeur et la portée ; de même les grands artistes trouvent dans les replis les plus intimes de leur cœur l'expression d'un idéal qui peut demeurer indescriptible et indéfinissable pendant bien des âges successifs. De nos jours, les artistes savent que la science est arrivée à donner une formule précise aux principes que leurs prédécesseurs n'entrevoyaient que dans le clair-obscur de leur sentimentalité, et ces formules commencent à les préoccuper. Une réaction dans les arts se produira nécessairement par ce fait, et cette réaction sera peut-être le signal d'une période passagère de décadence. Mais cette période sera l'avant-garde d'une ère nouvelle de renaissance, le trait-d'union entre le passé inconscient et l'avenir réfléchi. N'est-ce pas Balcon qui a dit que l'homme ignorant croyait en Dieu, qu'avec un peu de savoir il n'y croyait plus, et qu'il lui fallait ensuite une somme considérable de science pour être conduit à y croire de nouveau ? Je serais tenté d'en dire autant de l'art. L'artiste ignorant possède dans les zones incultes de son imagination naïve un certain idéal du beau. Cet idéal, avec un peu de science, s'altère, se trouble, s'affaiblit ; avec beaucoup de science, il ressuscitera dans toute l'amplitude de ses plus sublimes manifestations.

Il suffirait, au besoin, pour se convaincre de la justesse de cette pensée, de réfléchir à la situation présente de la peinture en face de cet art prodigieux qu'on appelle la photographie.

La photographie : L'art que vous pratiquez, vous autres peintres, vous fait assurément grand honneur, car vous savez souvent triompher d'une façon heureuse de mille et mille difficultés. Mais, en somme, malgré votre savante théorie de la perspective et des ombres, aux exigences de laquelle vous vous voyez sans cesse obligés de vous soustraire, vous ne parvenez jamais à tenir compte de toutes les conditions de rapport des objets que vous essayez de représenter. J'arrive, au contraire, à rendre les images dans leur vérité la plus incontestable, la plus absolue. « Mes tableaux, comme l'a dit un poète japonais, sont des tableaux du créateur, dont le pinceau est la lumière ».

L'artiste du passé : Je reconnais, en effet, que vous, photographie, vous produisez des tableaux d'une exactitude parfaite, avec une précision de détail que la main d'un artiste ne saurait jamais égaler. Mais vos portraits sont sans vie, sans expression, sans couleur. Ils ne vaudront jamais l'œuvre d'un peintre habile et expérimenté. Je vous plains de tout mon cœur; car, soyez-en sûr, vous ne vous élèverez jamais au-dessus du niveau d'un métier mécanique et industriel.

La photographie : Mercis et grès, votre compassion vient d'un bon naturel; mais quittez ce souci. Je suis encore bien jeune, et immense est la carrière qui se déroule devant moi. Vous dites que mes portraits sont sans vie, sans expression; mais depuis que je produis instantanément des épreuves, je saisis la nature sur le fait, et vous n'avez aucun moyen de l'exprimer avec une égale somme de vérité. Les couleurs que vous cherchez en tâtonnant sur le tohu-bohu de votre palette, je ne les produis pas encore d'une façon satisfaisante et durable; mais il n'y a plus à douter qu'un jour je les produirai avec une justesse aussi parfaite pour l'œil nu que pour le microscope. Vos œuvres ne peuvent être appréciées qu'à distance, en se faisant illusion à soi-même ; les miennes peuvent être examinées de près jusque dans les détails moléculaires des infiniment petits. Déjà je reproduis les aspects des corps célestes, le sillon rapide de la foudre, les battements successifs du vol de l'oiseau ; mes impressions, grossies à l'infini, révèlent des particularités inconnues du monde invisible et insaisissable. Qui oserait dire où s'arrêtera la portée de ma puissance ? Qui oserait affirmer que les images superposées sur les objets ne pourront pas être séparées un jour, comme on peut détacher, en les humectant, les feuilles de papier qu'on a appliquées les unes sur les autres pour former un épais carton ? Qui peut limiter enfin le nombre des corps susceptibles de recevoir l'empreinte de la lumière, et de la rendre comme la rend aujourd'hui la plaque nitratée d'argent? La peinture du portrait de l'assassin surprise sur la rétine de l'œil de sa victime sera-t-elle toujours qualifiée d'œuvre imaginaire et romanesque? Laissez-moi rêver aux services que je rendrai peut-être à l'homme, et n'opposez pas un vain scepticisme à leur immensité.

L'ARTISTE DE L'AVENIR : Quant à moi, je ne doute point de la portée infinie de votre puissance et de vos manifestations. Puisque vous pouvez déjà reproduire les figures des astres lointains, nul ne peut dire que vous n'arriverez pas même à nous donner la peinture des événements du temps passé! Quelque rapide que soit la marche des molécules lumineuses qui emportent avec elles les images dans l'espace infini, cette marche est loin d'être instantanée; et celles qui, par exemple, se sont imprégnées du tableau de la bataille d'Austerlitz seront encore bien des siècles, avant d'avoir traversé les vastitudes du firmament et atteint aux étoiles lointaines de l'empyrée. Si vous parvenez à les saisir au passage, ou à les dégager des corps sur lesquels elles se sont déposées, rien n'empêche que vous ne nous découvriez un jour le tableau d'après nature du passage de Napoléon sur le pont d'Arcole, celui du séjour de Moïse sur le mont Sinaï! Si l'on avait parlé à nos pères d'il y a quelque mille ans des merveilles de la science et de l'industrie modernes, on ne leur aurait peut-être pas raconté quelque chose de plus incroyable et de plus extraordinaire.

Avec les étonnants progrès de l'humanité militante, les conditions de toutes choses se modifient et se transforment. De plus en plus maître des éléments dont il a été si longtemps l'esclave, l'homme voit enfin poindre l'âge radieux où il n'aura plus d'autre labeur que de développer en lui les incomparables puissances de sa pensée. La tourmente qui agite notre époque est le présage du règne prochain de l'Idée, comme les bouleversements de l'atmosphère en feu sont les pronostics de l'apparition d'un beau jour. Le réalisme est le dernier effort du passé défaillant qui se meurt. L'homme est appelé à des destinées plus haute; la puissance de son génie lui permettra de s'élever au-dessus des horizons étroits de la nature qui l'entoure.

L'artiste de l'avenir ne sera pas un faible instrument de copie servile et d'imitation, souvent inférieur à ses machines; sa vue profonde franchira le domaine de la pâle réalité pour atteindre aux horizons les plus lointains. Qui peut dire s'il n'est pas réservé à l'ange déchu qui se souvient des cieux, de ravir au ciel, sa première patrie, le secret de la création ?

XVII.

Où l'on voit comment on se repose à partir du vingt et unième jour.

Depuis bientôt trois semaines, nos journées et une partie de nos nuits ont été absorbées par le travail que nous nous sommes imposé. Ce travail est enfin terminé ; mais, sur l'itinéraire que nous avons tracé, il reste plusieurs villes assez éloignées où nous espérons découvrir de nouveaux documents intéressants pour l'américanisme. Nous ne pouvons donc plus tarder à partir, et il nous faudra renoncer à regret au plaisir que nous aurions eu d'étudier, dans ses replis les plus intimes, les mystères de la vie madrilène. Une étude de ce genre n'est possible qu'à condition de s'établir pour longtemps dans une ville et d'y disposer de tous ses instants. Nous poursuivons d'autres idées, et la sagesse des nations dit qu'on ne doit jamais poursuivre deux ruminants à la fois. Cependant nous nous proposons de rester encore ici une huitaine de jours, pour qu'il ne soit pas dit que nous avons quitté la capitale des Espagnes, sans y avoir vu autre chose que le musée d'antiquités, les bibliothèques, les académies et les savants. Nous avons bien fait de ne pas hâter notre départ, nous aurons eu l'avantage de nous être trouvés à Madrid un jour de fête nationale.

En effet, le 22 octobre, dès le matin, tous les édifices publics et un grand nombre de maisons particulières sont pavoisés aux couleurs espagnoles. Des troupes viennent s'établir sur la *Puerta del Sol,* où elles forment une double haie. Bientôt une longue suite de voitures de gala, précédées et suivies de détachements de cavalerie en costume de cérémonie, vient défiler devant nos fenêtres. C'est la reine d'Espagne qui se rend à Notre-Dame d'Atocha, à l'extrémité du Prado, pour offrir, à l'occasion de ses relevailles, des actions de grâces à Dieu. Quelques heures plus tard, le même spectacle se renouvelle sous nos fenêtres. Nous avons braqué à tout hasard sur la place notre appareil photographique. Au moment du passage de LL. MM. Catholiques, je me décide, malgré la marche rapide du cortège, à tenter une épreuve instantanée. La Reine tient en main le royal enfant; le Roi est assis à ses côtés, faisant face à la nourrice qui a pris place sur la banquette de devant.

Le soir, la foule des promeneurs encombre les rues centrales de la ville décorées de lampions et de lanternes de toutes les couleurs. La *Puerta del Sol* est éclairée *a giorno*. Au ministère de la Gobernacion, l'illumination est des plus brillantes. Au-dessus du portique principal, on a représenté en feux de gaz les armes d'Espagne entre deux fleurs de lys, et au-dessus la légende : VIVA ALFONSO XII.

Une de nos après-midi est employée à visiter le Musée d'Artillerie qu'on a établi dans un bâtiment en construction. Il faut dire, à ce sujet, que de tous côtés on ne voit que des édifices commencés et qu'on semble peu disposé à terminer.

La collection de drapeaux historiques du Musée d'Artillerie rappelle celle que nous possédons aux Invalides. Le hasard nous a fait rencontrer, dans une des salles, un ancien manuscrit mexicain exposé entre deux verres ; c'est un document où sont représentées quelques figures avec une inscription en espagnol ; il est assez curieux en raison de sa provenance, mais en somme d'un intérêt secondaire pour l'américanisme.

De là, nous avons été visiter les *Cavalleritas Reales*. Ces écuries royales jouissent d'une grande réputation, mais on n'y voit pas grand'chose de bien extraordinaire. Dans la sellerie, où sont réunies toutes les livrées des laquais de la Cour, on appelle l'attention des visiteurs sur quelques harnais richement ornementés, et sur les chaises à porteur de Philippe V, de Charles III et de Ferdinand VII. On nous montre ensuite les voitures de « demi-gala », et on nous fait entendre que celles de « grand gala » ne peuvent être vues que par une faveur spéciale. Cela signifie qu'il faut se montrer généreux au moment de donner le premier pourboire. Nous avons répondu par un sourire significatif; et dès lors, comme sous la baguette d'une fée, toutes les portes se sont ouvertes sur nos pas.

Dans le grand hangar où sont remisées les voitures « historiques », et celles dont on se sert les jours de cérémonies exceptionnelles, on remarque une voiture en chêne, couverte de riches sculptures, à laquelle le guide accorde 470 ans d'antiquité ; le carrosse où monte le roi le jour de l'ouverture des Cortès, celui de Don Carlos IV, et un autre qui fut donné à ce prince par Napoléon ; l'équipage de Charles III, orné de nacre de perle avec des peintures représentant Apollon et Amphitrite ; celui de Ferdinand VII, construit pour le jour de son mariage ; la voiture de Marie-Louise, femme de Carlos IV ; celle du duc de Montpensier, toute entière de palissandre ; et enfin des produits français de la maison Binder, dont on s'applique à nous faire admirer les rares mérites.

Nous avons hâte d'en finir : cette visite ne tarde pas à devenir fastidieuse. Un coche, un peu plus modeste que ceux que nous venons de contempler, nous conduit, pour terminer notre journée, au palais du marquis de Salamancas, à quatre ou cinq kilomètres en dehors de Madrid.

C'est une charmante résidence, dont la décoration générale et les richesses de tous genres qui y sont accumulées, rappellent la ravissante villa Demidoff, aux environs de Florence. On y rencontre une énorme quantité de peintures à l'huile parmi lesquelles on découvre de loin en loin quelques tableaux de maîtres et, à chaque pas, des hauts faits de badigeonneurs. Notre guide tient à appeler tout particulièrement notre attention sur une toile où l'on voit un petit bonhomme qui regarde une lune d'une grandeur étrangement démesurée planant au-dessus de sa tête, et de beaux portraits de. . . . . porcs-épics.

Quelques sculptures de valeur ornent les appartements, entre autres « le Mars et Vénus » de Canova.

Dans la salle des festins, le groupe en pied de Joseph se refusant à une conversation intime avec madame Putiphar, fait face à une autre statue, également en marbre blanc, qui représente Adam et Ève.

On a exposé, dans une pièce plus loin, deux berceaux garnis de soie rose et blanche, dans lesquels on a élevé la reine Doña Isabel II, un cercueil en or, ou plutôt en sculptures de bois doré garni de velours rouge, ayant servi de corbeille de noces; un riche fauteuil pour peser les visiteurs; de jolies chambres à coucher avec des *retretes* établis dans des placards; une vitrine d'oiseaux empaillés simulant un combat entre les Carlistes et les Libéraux, avec cette inscription :

YSABEL 2A PATRIA LIBERTAD

de grandes et magnifiques tables en mosaïque et en marqueterie ; des porcelaines et des faïences de tous les temps et de tous les pays ; etc.

De vastes jardins, ornés d'une foule de bustes en marbre blanc, ayant, sans en excepter un seul, le nez cassé, environnent cette délicieuse résidence que la plupart des touristes ont certainement tort de ne pas aller visiter.

A notre retour, nous passons sur le pont de Tolède que Victor Hugo a poétisé, mais qui serait sans cela un des ponts les plus prosaïques du monde entier. Le maigre paysage qui l'encadre n'offre guère aux yeux du promeneur que d'innombrables morceaux de linge ou de guenillés que font sécher au vent d'épais bataillons de blanchisseuses.

Comment passerons-nous la soirée? On nous engage à aller au *Teatro de Variedades*, berceau de l'opéra comique espagnol, voir jouer une petite comédie. Nous prenons deux *butacas*, fauteuils d'orchestre, pour la première « fonction ». Dans une même soirée, ces petits théâtres jouent plusieurs pièces *(funcion)*, à la suite de chacune desquelles il faut se retirer, sauf à rentrer pour la suivante en s'étant muni d'un nouveau billet. La comédie à laquelle nous assistons est fort bien rendue; nous aurions été charmés d'en connaître le dénoûment; mais elle est en deux actes et le second acte sera joué seulement demain soir. Tant pis pour nous! Cosas de España.

Madrid pullule, comme Paris, de théâtres de toutes sortes. Mais ce n'est pas le *Teatro Real* ou grand opéra qui répond, en ce moment, à notre état d'esprit. Nous voudrions voir un estaminet musical, un lieu de rendez-vous nocturne de la population madrilène. Non sans peine, nous parvenons à découvrir le petit café *Imparcial*, où l'on chante des airs nationaux, entremêlés de danses andalouses et bohémiennes. Dans un local d'assez maigre apparence, des individus appartenant aux basses classes de la société, mais en général bien vêtus et d'une tenue des plus décentes, viennent assister pendant quelques heures aux exhibitions théâtrales qu'on leur a préparées, pendant qu'ils consomment des mazagrans, du chocolat, de la bière ou de simples verres d'eau sucrée. Une petite scène a été établie sur une estrade de planches dans le fond de la salle; l'estrade est ornée de trois glaces, de deux potiches et de deux guitares. Quatre sièges sont préparés pour les artistes de la soirée. Sur les murailles on aperçoit de grandes affiches qui annoncent encore une *corrida* de taureaux. Le service des tables est fait par des garçons qui ont le grand tort, suivant nous, de ressembler à s'y méprendre à des garçons d'estaminets parisiens.

A neuf heures, deux hommes, une jeune femme et une fillette prennent place sur l'estrade. Les deux hommes sont Andalous ; les deux femmes sont Gitanas. Après une chansonnette chantée d'un ton nasillard par le plus petit de nos deux Andaloux, la femme bohémienne, vêtue d'une robe de cotonnade rose claire, d'un jupon rouge écarlate et d'une pañoleta de laine bleue, nous donne le spectacle d'une danse de caractère, avec force contorsions, claquements de doigts, et appels de pied ; les deux hommes, pour lui servir d'accompagnement, frappent en cadence le plancher de leur canne, et la petite fille jette d'instant en instant des cris aigus pour l'encourager. Puis le grand Andalous exécute, à son tour, non sans une certaine grâce, les pas d'une danse de sa province, avec vociférations et battements de mains. La petite fille, enfin, vient nous montrer son savoir, et la séance est momentanément interrompue pour permettre aux quatre artistes de se désaltérer à la table des spectateurs qui veulent bien les inviter à trinquer avec eux. Un quart d'heure après, la même représentation recommence. Nous en avons vu suffisamment.

Le théâtre espagnol a été le premier théâtre du monde à la grande époque littéraire que les Espagnols appellent leur « siècle d'or », c'est-à-dire entre les années 1530 et 1590. Cette période, au début de laquelle on rencontre Garcilaso de la Vega, Boscan et Hurtado de Mendoza, arrive à son apogée avec Cervantes et Lope de Vega, et se termine brillamment par les écrits de Solis et les admirables productions dramatiques de Calderon. Puis, tout d'un coup, l'art dramatique abandonne le sol de l'Espagne, où, malgré quelques remarquables efforts tentés dans ces derniers temps, il ne paraît guère songer au retour.

Comment expliquer cette décadence, pour ne pas dire davantage? Quelques auteurs ont voulu l'attribuer à l'Inquisition. On a répondu avec justesse que le théâtre espagnol était né à l'époque même où l'Inquisition s'établit en Espagne, c'est-à-dire vers la fin du XVe siècle; et que c'était pendant que cette fatale institution avait eu le plus de puissance, que la comédie avait été florissante dans la Vieille-Castille. Lope et son disciple bien-aimé Montalban, appartenaient au personnel de l'Inquisition, et Calderon, Tirso, Moreto, Solis étaient prêtres. M. Damas-Hinard, le savant traducteur de Calderon, croit que la cause particulière du déclin de l'art dramatique en Espagne est d'abord le bigotisme aveugle du roi Charles, ensuite et surtout, l'avènement du petit-fils de Louis XIV au trône d'Espagne. Avec ce prince, les idées et les mœurs françaises firent irruption dans la péninsule, où, jusqu'alors, l'influence étrangère ne s'était, en quelque sorte, jamais fait sentir : « Comme il n'y avait plus de Pyrénées, il n'y eut plus de comédie espagnole ».

Pour que l'art se manifeste avec toute sa puissance dans un pays, — on l'admet du moins assez communément, — il faut que ce pays soit profondément pénétré de foi religieuse et de patriotisme. La foi religieuse et le patriotisme donnent naissance à certaines grandes passions ; il n'y a pas d'art, là où il n'y a pas de grandes passions. Les peintres les plus célèbres de l'École Italienne rêvaient au paradis et aux anges, en mélangeant les couleurs sur leur palette; il y en avait même qui n'auraient point osé peindre le portrait de la Vierge autrement qu'agenouillés devant leur chevalet. Les idées de gloire nationale et d'intolérance dogmatique étaient à la mode sous le règne du Roi Soleil, et jamais la France n'a produit, en un seul âge, pareille pléiade de poètes, d'écrivains et d'artistes éminents dans tous les genres. Durant son *siècle d'or*, l'Espagne plus croyante que les croyants Maures qu'elle avait chassés de son territoire, fière de promener son drapeau triomphant sur une hémisphère dont la découverte était le plus colossal événement des temps modernes, l'Espagne ne respirait que sentiments chevaleresques, ne caressait que son patriotique orgueil. De toutes parts, à Madrid, à Valence, à Séville, à Barcelone, le génie national se traduisait par des chefs-d'œuvre dans la poésie, dans la musique et dans la peinture. Je ne suis cependant pas bien convaincu de la justesse de ce raisonnement.

A priori, il me semble singulier qu'il faille attribuer à l'obscurantisme religieux le développement de l'art chez un peuple quelconque. Il y a des peuples qui professent des religions fausses, où tout est erreur, mensonge et fourberie. Y a-t-il donc dans l'erreur, le mensonge et la fourberie tant de germes féconds, que l'art, cette sublime manifestation de l'intelligence humaine, doivent nécessairement y construire son berceau ? Et la pensée, à laquelle tous les peuples ont donné des ailes, ne peut-elle donc accomplir ses évolutions que courbée sous le poids de la plus lourdes des chaînes, l'ignorance ? J'en douterais à coup sûr, si je ne l'entendais affirmer par les esprits les plus respectables du monde.

A posteriori, je juge les arguments qu'on fait valoir pour expliquer la production des grands siècles littéraires et artistiques comme peu convaincants, parce qu'ils sont tant soit peu inexacts. Y avait-il donc une si grande somme de foi dans l'esprit d'Eschyle, du Dante, de Shakespeare et de Gœthe? Lucrèce, qui ne croyait à rien, est-il vraiment un plus mauvais poëte que le cardinal de Polignac qui devait croire à tout? Le patriotisme si ardent de nos pères de 89 a-t-il produit une foule d'écrivains et d'artistes éminents, et les innombrables triomphes de Napoléon Ier ont-ils donc empêché le mauvais goût de régner en France aussi despotiquement que le héros du 18 brumaire dans son empire? En parcourant l'histoire, nous trouvons autant de périodes de liberté que de périodes de servitude, autant d'époques de foi que d'époques de scepticisme, durant lesquelles l'art est impuissant à se manifester. Il en résulte que ni la liberté, ni la servitude, — ni la foi, ni le scepticisme ne suffisent pour permettre à l'homme de recueillir, dans les replis de son intelligence, le feu sacré qui illumine un âge des plus sublimes beautés. Ce qu'il faut au grand art, c'est le culte de l'idéal. Sans idéal, point d'art. Si l'on s'attachait à étudier de près quel était le courant des idées, dans les siècles où la littérature a été la plus florissante, — et cette étude mériterait d'être entreprise avec le soin qu'elle exige, — je suis convaincu qu'on y reconnaîtrait toujours les premiers symptômes d'un idéal nouveau, d'une conviction nouvelle dans les destinées infinies du vrai, du beau, du bien absolu. Les idées relatives et restrictives, le positivisme issu de doctrines sceptiques et décourageantes, ne peuvent rien créer de supérieur au niveau terre à terre qu'ils n'osent franchir. Il n'est point d'œuvres immortelles sans confiance en l'immortalité.

XVIII

Dans quelles circonstances singulières il m'a été donné d'aller à Tolède avec mon compagnon Suavis.

Les premières lueurs du jour n'éclaireront pas avant une heure la voûte cérulée du ciel. Je saute du lit et m'habille en hâte, car nous devons partir sans délaier pour une courte excursion à Toleste. Comme nous y passerons seulement une journée, inutile de charger nos malles de vestures : ce que nous portons sur nous, un flacon d'aigue, des tortels, et quelques autres victuailles dans nos sacs, suffiront pleinement pour nos besoins, puisque nous serons de retour à vêpres. Bien qu'il soit grand matin, à la seule pensée de visiter aujourd'hui une cité dont on a tant dit de merveilles, je me sens tout resbaudi.

En peu de minutes, l'omnibus de l'hôtel nous conduit à la gare, où le hasard nous fait rencontrer de vieilles connaissance basques de San-Sebastian, Ildefonso Échézarréta le marin, Luisa Élisaldé et sa petite sœur. Tant mieux : nous leur feront bonne chère et nous monterons avec eux dans un compartiment de troisième classe. De la sorte, au lieu de nous endormir en route, nous pourrons abaveter tout à notre aise, et ainsi *pasar el rato*, comme on dit gentilment en Espagne.

Le train se met en marche. En esle pas, comme pour nous souhaiter la bienvenue, l'Aube riante et gracieuse s'avance d'un pas rapide. Les fleurettes des champs se relèvent et se redressent sur leur tige; le cristal liquide des ruisseaux, murmurant au travers des blancs et gris cailloux, court offrir son tribut aux rivières qui l'attendent. La terre joyeuse, le ciel clair, l'air limpide, la lumière sereine, tout donne des signes manifestes que le jour qui foule déjà du pied la robe de l'Aurore, sera un jour pur et radieux.

Bientôt nous franchissons plusieurs petites vallées arbreuses qui se dessinent en contreval de chaque côté de la voie de fer; nous traversons ensuite le Manzanarès aux eaux couleur d'opale, et nous arrivons tout à coup à une plaine aride et désolée. Il n'y a plus rien à regarder par les fenêtres. Luisa Élisaldé ! racontez-nous donc une jolie histoire de votre pays :

Il en était une fois, sur le versant nord de la montagne d'Aitzgorry, de l'autre côté de la Navarre et à peu de distance de l'ermitage de San-Adrian, un vieux château environné de huit ceintures de murailles crénelées et de trois cordons de fossés, dont la profondeur était telle que lorsqu'on y jetait une pierre, il fallait attendre plus d'un quart d'heure avant qu'on l'entendît résonner sur les rochers qui en garnissaient le lit. Dans cet antique castel, habitait un noble seigneur appelé Crête-Noire qui avait renoncé à fréquenter le monde, désolé que le ciel n'eût jamais consenti, malgré ses ferventes prières, à lui accorder un enfant. La chatelaine, de son côté, avait fait de nombreux pélerinages et répandu de larges aumônes, dans l'espoir d'obtenir un héritier. L'un et l'autre étaient déjà parvenus à un âge avancé, lorsqu'un jour, après une matinée où l'on avait éprouvé une chaleur suffocante inconnue à pareille altitude, survint un orage, accompagné de coups de vent d'une violence telle qu'on entendait de toutes parts les rochers brisés tomber avec fracas dans les gorges de la montagne et rouler jusque dans les vallées voisines. A la chûte de la nuit, la fureur des éléments se montra plus terrible encore ; puis on crut un instant le calme rétabli dans la nature ; mais bientôt une brillante traînée lumineuse, suivie d'une épouvantable décharge de tonnerre, vint ébranler la grande tourelle du château et renverser le clocheton surmonté d'une croix d'argent. C'était dans cette tourelle que se trouvaient les appartements de la chatelaine.

Crête-Noire qui, pendant ce temps, n'avait cessé de parcourir son domaine dans toutes les directions, pour prévenir autant qu'il était en lui les causes de désastres, voyant l'incendie s'allumer dans la tourelle, courut s'assurer s'il n'était pas arrivé quelque autre malheur de ce côté. Mais la tempête avait démoli l'escalier tournant qui conduisait aux appartements, de sorte qu'il lui fallut attendre qu'on eût apporté des échelles pour escalader les décombres. Quand il eût pénétré dans la chambre de la châtelaine, il la trouva étendue sans mouvement sur son lit. En écoutant de près, il reconnut, par les battements du cœur, que la mort n'était cependant pas venu la frapper.

Après de vains efforts pour la réveiller, Crête-Noire, entouré de ses plus fidèles serviteurs, résolut de passer la nuit à ses côtés, dans l'impossibilité où l'on était, à cette heure avancée, d'aller quérir un médecin à la ville la plus voisine.

Au point du jour, la châtelaine se réveilla et dit à son Seigneur qu'elle ignorait ce qui était arrivé, si ce n'est qu'elle avait vu en rêve un vieillard aux cheveux d'azur et à la barbe écarlate qui lui avait annoncé qu'elle donnerait bientôt le jour à une fille ; que cette fille aurait sur les épaules une longue chevelure d'or, et sur le cou un léger duvet d'argent. Le vieillard avait ajouté que cette jeune fille périrait si, avant l'âge de dix-huit années, elle pouvait, seulement un instant, apercevoir son image dans l'iris des yeux d'un jeune homme.

Crête-Noire ne prêta d'abord que peu d'attention au récit de ce rêve; mais bientôt il n'eut plus d'autre pensée, car il lui naquit une fille en tout point semblable à celle que le vieillard avait annoncée.

Se souvenant alors des avertissements donnés à la châtelaine, et sans tenir compte, pour plus de sûreté, de l'âge de ses gens, il intima l'ordre à tous les serviteurs mâles de quitter incontinent le château, plaça à l'entrée des trois ponts-levis un poste de femmes armées de pied en cap, et annonça à son de trompe dans les pays avoisinants qu'il ferait sans pitié mettre à mort les hommes jeunes qui pourraient être aperçus à une lieue à la ronde, aux alentours de son manoir.

Ces précautions étaient sans doute excellentes ; mais Crête-Noire eût été plus sage encore si, avant de chasser ses serviteurs, il ne s'était laissé aller au plaisir de se vanter de la merveilleuse beauté de son nouveau-né.

Il n'en fallut pas davantage pour que les fils des seigneurs du pays Basque et de la Navarre éprouvassent bientôt l'ardent désir de voir l'incomparable enfant aux cheveux d'or et aux épaules couvertes d'un duvet d'argent.

Avant qu'aucun d'eux ne se risquât à s'aventurer aux environs du château, il s'écoula d'assez longs temps ; mais le récit de mon histoire marche plus vite que le temps, et déjà Fleur-de-Beauté approche de sa dix-huitième année.

Or la princesse n'avait jamais quitté

l'intérieur du manoir. Pour adoucir sa captivité et chasser loin d'elle la tentation de franchir ses huit murailles et ses trois fossés, son père avait improvisé, dans la gorge de la montagne, un jardin délicieux où il avait réuni tout ce que l'art pouvait imaginer pour rendre un pareil séjour agréable.

Au milieu d'une pelouse toujours verte, émaillée de pâquerettes blanches lisérées de rose, de campanules lilacées et d'escholtzias aux fleurs d'or, un petit ruisseau courait en serpentant sur un lit d'onyx laiteux, de calcédoines et de grenats. Ce petit ruisseau, qui prenait sa source aux hautes régions du versant nord, pénétrait dans le jardin par les légères fissures d'un rocher de cristal, sur lequel venaient se refléter les nuances infinies de l'arc-en-ciel et des nuages. Puis c'étaient des allées de sable doux au marcher comme les plus épais tapis d'Orient; des plates-bandes où se succédaient sans cesse de fraîches guirlandes de plantes en pleine floraison; des treillages rustiques artistement façonnés, sur lesquels s'entrelaçaient la vigne aux fruits colorés d'ambre et de pourpre, le lierre odorant du Caucase, la glycine aux grappes d'améthyste, le jasmin au parfum délirant; puis des massifs d'arbustes rares et exotiques, au pied desquels rampait la pervenche azurée et la fragile verveine; enfin d'épais bosquets où le promeneur fatigué trouvait, sous l'ombrage, un instant de repos, pendant les chaleurs accablantes du jour.

Très probablement la princesse, enfermée dans cet éden ravissant, où l'Aurore ne se levait jamais sans lui apporter un nouveau sujet de plaisir et de distraction, eût laissé venir doucement à elle son dix-huitième printemps sans songer à la liberté, si, par imprudence, son père n'avait fait peupler les paisibles taillis de son jardin de toutes sortes d'oiseaux riants et chanteurs.

C'était sur le midi, un de ces beaux jours de février où le soleil répand parfois dans l'atmosphère une chaleur exceptionnelle. La nature, surprise par les caresses inattendues d'une brise ardente, s'éveille tout à coup. L'air est pénétré d'une senteur étrange. La sève, trop longtemps emprisonnée dans les tissus secrets des plantes, fait de vigoureux efforts pour s'échapper; et déjà sa puissance se traduit sur les arbres par de frais bourgeons. Le papillon diapré vient butiner les fleurs précoces et leur ravir le doux pollen dont il se rassasie. Les oiseaux voltigent sur les branches qui promettent de se couvrir bientôt de feuilles, et célèbrent par leurs refrains passionnés l'heure de leurs premiers travaux.

Fatiguée par une promenade plus longue que de coutume, la princesse captive était venue se reposer sous l'ombrage d'un cèdre toujours vert. En entendant les oiseaux saluer son arrivée par leurs chants mélodieux, des pensées inconnues se répandirent dans son âme ; elle se laissa aller à un rêve, et dès lors ce rêve n'abandonna plus la jeune fille. En un instant, ses traits, sa contenance, sa gaieté folâtre, tout changea. Son beau front se couvrit de sueurs brûlantes ; ses yeux, tour à tour éteints et enflammés, se couronnèrent d'une auréole bleuâtre. Sur sa poitrine, des mouvements fébriles et saccadés semblaient correspondre à la rougeur vermeille et à la pâleur livide qui, sur son visage, se succédaient à de rapides intervalles. Elle s'asseyait sur le gazon, se levait, et s'asseyait de nouveau. Un moment, elle s'étendit sur un lit de mousse, au milieu des violettes et du serpolet : mais elle ne put y trouver le repos, et courut follement se cacher dans les allées les plus retirées du bois. Puis elle s'en retourna du côté du château. Son père, effrayé à sa vue, lui demanda ce qui lui était arrivé, si elle se trouvait malade. Les yeux hagards, elle ne lui donna d'autre réponse que quelques sons inarticulés, entrecoupés par des rires et par des pleurs; puis elle voulut s'enfuir.

Les convenances exigent que, dans l'état où se trouve la jeune fille, nous ne la poursuivions pas davantage d'une indiscrète curiosité. Quittons-la donc un instant, et descendons dans la plaine où la réputation de sa beauté n'a point cessé d'enflammer l'âme des plus riches seigneurs du pays de Guipuzcoa.

XIX

Comment nous avons failli ne pas connaître le dénoûment de l'histoire de notre Basquaise.

— Je ne puis terminer mon histoire, nous dit alors Luisa Élizaldé; car je crois que nous sommes arrivés à Tolède.

— Nous n'y sommes pas encore, interrompit un voyageur qui enveloppé dans sa longue capa noire et coiffé d'un large sombrero, n'avait pas desserré les dents depuis notre départ de Madrid. C'est seulement ici l'embranchement de Castillejo, où vous devez changer de train.

En hâte, nous quittons notre compartiment, et nous nous installons tant bien que mal dans une autre voiture.

— Maintenant, Luisa Élizaldé, reprenez votre récit. Vous aurez sans doute le temps de l'achever, avant que nous ayons atteint le terme de notre voyage.

Le bruit que Fleur-de-Beauté était retenue captive dans l'enceinte du château de Crête-Noire s'était depuis longtemps répandu fort au-delà du pays Basque et de la Navarre. Aussi, dans leurs conversations, les jeunes gens ne parlaient-ils plus que de leur ardent désir d'aller contempler la merveilleuse princesse et de l'arracher à sa solitude. La plupart d'entre eux se flattaient de pénétrer dans le manoir, en dépit des dangers que présentait une tentative aussi audacieuse; mais, en somme, aucun ne se décidait à affronter les périls d'une si téméraire aventure. De sorte que les mois et les années s'écoulaient sans que personne n'osât braver les ordres impitoyables du vieux châtelain.

Mais que nous importent les mois et les années, puisque le récit de mon histoire marche plus vite que le temps, et que bientôt Fleur-de-Beauté atteindra l'heure solennelle de son existence.

Or, quelques mois avant l'époque où nous avons laissé l'unique héritière du châtelain en proie à ces agitations secrètes qui font de la tendre enfant une jeune femme, il y avait, aux environs de San-Estevan, le fils d'un riche marchand de Bilbao qui habitait pendant l'été avec sa mère et ses sœurs dans un magnifique domaine du pays. Sa fortune était tellement considérable qu'on avait fini par l'accueillir dans la société des nobles. En sa présence, on le nommait Don Pedro; mais quand il n'était pas là, on ne l'appelait jamais que « le petit hidalgo de gouttière » *(el hidalguejo de gotera)*, épithète donnée dans notre pays aux roturiers qui essaient de se faire passer pour gentilshommes. Toujours est-il qu'il était parvenu à se mettre dans les bonnes grâces d'un des plus illustres seigneurs des Asturies qui, complètement ruiné, n'avait pas hésité à lui promettre sa fille unique et à célébrer leurs fiançailles, en attendant la prochaine cérémonie du mariage.

De mémoire d'homme, il n'avait jamais existé dans le pays une jeune fille d'une égale beauté, et son futur époux qui en était éperdument amoureux, ne se lassait pas de répéter qu'on chercherait en vain dans le monde une aussi ravissante créature. Cependant, à la longue, le bruit qui se faisait au sujet de la fille de Crête-Noire, finit par lui troubler le cerveau, et il devint aussi désireux que les autres jeunes gens du pays de savoir à quoi s'en tenir par lui-même. On ignore si ce fut la jalousie, la simple curiosité, le charme du fruit défendu, ou tout autre sentiment qui le fit agir. Toujours est-il qu'il se décida à entreprendre une aventure qui avait déjà découragé bien des désirs et déçu bien des ambitions.

Informé qu'un des anciens serviteurs du manoir s'était retiré avec sa famille aux environs de Tolosa, il se rendit auprès de lui, afin d'obtenir des informations sur les moyens d'arriver à l'accomplissement de ses espérances. Le père de cet homme était sorcier de son état, et n'avait laissé en mourant, pour toute fortune à son fils, que quelques importantes recettes de son art.

Lors donc que le vieux serviteur vit venir à lui le riche héritier de San-Estevan, il devina de suite le motif de sa visite; ce qui d'ailleurs était facile, car depuis longtemps il n'y avait plus qu'un seul objet de préoccupation chez les jeunes gens dans toute la contrée.

— Je consens, lui dit-il, à vous indiquer le moyen d'arriver jusqu'à l'intérieur du jardin de Crête-Noire, puisque vous vous sentez le courage d'affronter d'innombrables périls; mais c'est à la condition de vous conformer de point en point à l'engagement que je vais vous demander. J'ai certainement à me plaindre de mon ancien maître qui m'a chassé de son château, sans se préoccuper de mon sort; mais je n'ai pas oublié que, pendant mon enfance, il m'a souvent comblé de ses bienfaits. Et s'il m'a renvoyé si brusquement de son service, c'est parce qu'il savait que la vue d'un jeune homme causerait la mort de son enfant bien-aimée, si celle-ci pouvait se mirer un seul instant dans la prunelle de ses yeux, avant d'avoir atteint sa dix-huitième année. Je ne veux donc point me prêter à l'accomplissement d'une pareille infortune ; et si je vous facilite un moment d'entrevue avec la belle princesse, c'est à condition que vous vous transformiez en vieillard, afin que cette entrevue ne soit pas la cause d'un malheur irréparable. Prenez cet anneau, et portez-le à la main droite jusqu'à ce que vous ayez franchi les obstacles qui vous séparent du manoir; car pour triompher des difficultés que vous allez avoir à surmonter, vous avez besoin de conserver toute la vigueur de la jeunesse. Mais jurez-moi qu'avant de paraître devant la fille de Crête-Noire, vous mettrez l'anneau à votre main gauche, afin de vous transformer en vieillard. Aussitôt que vous l'aurez quittée, il vous suffira de le porter de nouveau à la main droite, pour redevenir tel que vous êtes aujourd'hui.

Don Alonzo remercia le vieux serviteur, lui remit en présent un sac de douros; puis, après avoir pris ses dernières instructions, il se rendit sur le versant sud-ouest de la montagne d'Aitzgorry, qui lui avait été indiqué comme le seul côté par lequel il trouverait moyen de pénétrer dans l'antique manoir.

A cet endroit, la montagne est formée d'énormes rochers qui semblent avoir été posés les uns sur les autres par la main des géants, jusqu'à une hauteur de plusieurs milliers de pieds.

Entre chacun de ces rochers, il y a des crevasses tellement larges et tellement profondes, qu'on prétend que, dans les anciens temps, elles étaient habitées par des hommes qui en avaient fait leur logis.

L'hidalguejo, ayant appris de la bouche du vieux serviteur qu'il ne lui faudrait pas moins d'une année pour arriver au terme de son ascension, s'était muni des vivres nécessaires pour subsister pendant la durée de ce pénible voyage; et, au moyen d'une échelle de corde qu'il essayait d'accrocher aussi haut que possible, en la lançant d'un bras vigoureux sur les aspérités de la montagne, il arriva peu à peu à se rapprocher du but de sa périlleuse aventure. Au bout de trois cent soixante-cinq jours d'incessantes fatigues et d'efforts surhumains, il atteignit un rocher à large ouverture par lequel il n'y avait plus désormais de difficulté pour pénétrer dans le jardin de la princesse. Il jugea cependant qu'il fallait à tout prix éviter d'éveiller les soupçons, et résolut en conséquence de s'établir dans la cavité pour y attendre le moment favorable.

Nous avons quitté le jardin du manoir le soir de la sainte Marianne. Le lendemain, jour de la Saint-Siméon, la fille de Crête-Noire, qui avait passé une nuit très agitée, demanda la permission d'aller seule dans son petit bois, convaincue, disait-elle, qu'elle pourrait s'y livrer doucement au repos et réparer ainsi les fatigues de la veille. Cette permission lui aurait sans doute été refusée, si son père n'avait redouté les suites fâcheuses de l'état de surexcitation générale dans lequel elle se trouvait plongée.

Après quelques heures de promenade auprès de la verdoyante couronne de sa cascade de cristal, la triste enfant se dirigea lentement vers un bosquet de myrtes et de citronniers, s'étendit sur le gazon, détacha sa mantille pour s'en former un oreiller, et doucement s'endormit. Elle était pâle comme les statues des tombeaux de nos rois; sa poitrine, que recouvrait à peine sa longue chevelure d'or, n'avait plus aucun de ces soubresauts fiévreux qui eussent pu révéler la veille les mystères qui s'accomplissaient dans son âme ; elle était immobile, calme comme le silence de l'éternité. Et cependant, elle était belle, et plus que jamais belle d'une indéfinissable beauté.

Avant que Don Pedro eût escaladé le dernier rempart qui le séparait de la princesse, il se passa un assez long temps; mais le récit de mon histoire marche plus vite que le temps, et déjà le jeune seigneur n'est plus qu'à quelques pas de la jeune fille endormie.

Il avait hésité à accomplir la promesse qu'il avait faite au fils du sorcier de transporter sa bague merveilleuse de la main droite à la main gauche ; mais le sentiment de l'honneur finissant par triompher, en un instant, il avait perdu toutes les apparences du bel âge.

Les glaces de l'hiver avaient tout à coup fait disparaître les fleurs du printemps ; de longs cheveux d'albâtre, plus blancs que le lait de nos génisses et que la neige de nos montagnes, flottaient sur ses épaules ; l'orbite de ses yeux s'était creusé profondément, des rides à longs plis sillonnaient son visage. Seuls, la bague enchantée, n'avait pu éteindre les éclairs qui s'échappaient de la prunelle de ses yeux.

A pas lents et incertains, jetant tout autour de lui un regard inquiet pour s'assurer s'il n'était point aperçu, il s'avançait, puis il s'avançait encore.

A cet instant, des voix enchanteresses, — les voix des esprits de la montagne, — répandirent sous la feuillée leurs plus douces mélodies ; et tandis que la tendre enfant se laissait aller à ces rêves qui bercent et font palpiter le cœur des jeunes femmes, elle s'entendit appeler : « Le jour est venu, tu m'appartiens ; ne renferme pas plus longtemps dans ton calice l'haleine de ta brûlante corolle. Fleur vermeille, épanouis-toi ! »

Et comme si la nature entière conspirait pour s'emparer de la dormeuse, un papillon d'azur, dans sa course folâtre, vint doucement effleurer ses lèvres. Ses grands yeux noirs, illuminés de tous leurs feux, s'entr'ouvrirent, mais ils ne rencontrèrent pas le vieillard qui avait épié leur réveil. Le vieillard avait oublié la promesse du jeune homme, et l'anneau merveilleux, reporté à sa main droite, avait fait succéder les tendres ardeurs du printemps aux durs frimas de l'hiver.

....

— M'aimeras-tu toujours, mon Pedro? dit l'enfant.

Puis, après un instant de silence, elle répéta :

— M'aimeras-tu toujours ? Réponds; m'aimeras-tu toujours ?

— Pourquoi ne t'ai-je pas connue plus tôt, répondit le jeune hidalgo ? Pourquoi ton père a-t-il voulu t'enfermer aussi longtemps dans cette prison de rochers ? Mon cœur ne serait-il pas aujourd'hui partagé entre les deux plus ravissantes créatures que le Ciel ait jamais formées. Fiancé depuis plus d'un an, avec la plus belle princesse de la plaine, je ne puis te donner un cœur que je lui ai déjà donné. Mais puisqu'une explicable destinée m'a conduit à pénétrer jusqu'à toi, je te laisse le soin de décider de mon sort.

L'enfant lui répondit : « Je ne puis accepter le sacrifice que vous m'offrez, et je ne me sens point la force de vivre en songeant que le cœur de celui que j'ai connu, sera toujours, comme l'héliotrope, tourné vers le plus beau soleil. L'âme de de la jeune fille qui n'est point aimée doit s'évaporer et s'anéantir dans l'immensité des cieux. » Et la jeune fille ne parla plus, et la jeune fille s'affaissa sur elle-même.

Crête-Noire, inquiet de ne pas voir revenir Fleur-de-Beauté, la trouva ensevelie mollement sur les fleurs, dans sa blanche tunique de gaze. Il tenta de la réveiller, de la saisir dans ses bras ; mais elle lui échappa, et il ne vit plus qu'une légère vapeur qui lentement, lentement s'élevait et se perdait dans les cieux.

Le jeune homme, terrifié, aurait voulu changer de main sa bague merveilleuse ; mais, dans sa précipitation, le précieux talisman lui était échappé, et il avait été transformé en un rocher de basalte qui surplombe encore aujourd'hui sur le haut de la montagne d'Aitzgorry. Sa bague roula aux pieds de Crête-Noire, et celui-ci se baissa pour la ramasser. Aussitôt, il fut à son tour changé en un bloc de granit noir.

— J'ai vu moi-même ce bloc de granit noir qui se dessine sur le ciel bleu comme une ombre de lugubre présage, dit en terminant Luiza Élisaldé. Les habitants de la plaine le nomment la *Crête-Noire*. Ils ne manquent jamais de le montrer aux voyageurs, et de leur apprendre en même temps la lamentable histoire que je viens de vous raconter.

Elle venait à peine d'achever son récit, que notre train s'arrêta, aux cris de : Toledo ! Toledo !

Mais, au lieu de débarquer à Tolède, je me trouvai couché tranquillement dans ma petite chambre de la *Fonda de la Paz*. J'avais dormi un peu trop longtemps ; et, pendant que je me complaisais dans le pays des rêves, mon compagnon cheminait dans le pays de la réalité.

XX

Pendant que nous bouclons nos malles, nous entendons traiter des questions d'anthropologie transcendante par un de nos deux emballeurs.

Nous partirons ce soir. En attendant, la journée sera laborieuse, car nous n'avons pas seulement à caser dans nos malles tout notre matériel de photographie : les livres et les objets scientifiques que nous avons amassés, pendant notre séjour à Madrid, sont tellement nombreux qu'il faut renoncer à l'idée de les transporter avec nous dans la suite de notre voyage. Nous les ferons mettre dans des caisses que nous laisserons à la *Fonda de la Paz*, où nous viendrons les chercher au moment de retourner en France.

Deux emballeurs ont été appelés pour nous aider dans notre besogne.

— *Vuestra Excelenza tiene muchos libros*, me dit l'un d'eux, en me voyant tirer d'un placard une foule de volumes grands et petits, pour les mettre en paquets.

— En effet, lui répondis-je ; j'en ai même un peu trop pour un voyageur.

— Votre seigneurie s'occupe d'anthropologie, ajoute en jetant les yeux sur mes photographies le second emballeur que son copin appelle *Manriqué*. C'est une science très intéressante : si j'avais plus de temps et plus surtout de pesetas, il me semble que j'aurais beaucoup aimé à l'étudier. J'ai acheté un livre fort curieux où l'on explique comment ont été créés les animaux, et de quelle façon le crapaud qui était, je parle de longtemps, l'être le plus parfait de la terre, a fini, d'âge en âge, par devenir un de ces singes d'où sont issus nos premiers aïeux.

— Quel est donc ce livre si curieux, où vous avez trouvé tant de choses extraordinaires?

— Je ne me rappelle pas bien exactement le titre; mais je sais qu'il a été composé par un certain Don Carlos Darvino, un vrai savant, s'il en fut jamais; vous le diriez tout comme moi, si vous aviez lu son ouvrage.

— Alors vous avez adopté les théories de ce certain Don Carlos, et elles vous satisfont tout à fait.

— Pardonnez, señor, les théories de ce Don Carlos sont loin de s'ajuster à mon goût dans les feuillures de ma charpente crânienne, mais elles m'ont fait réfléchir;

et aujourd'hui j'ai des idées à moi, qui trottent d'une façon singulière dans mon cerveau. Vous ne le croiriez probablement pas : mais elles se sont enfoncées dans ma tête aussi profondément que mes clous dans les rainures de cette boîte, et il faudrait je ne sais quelles grosses tenailles pour arriver à les arracher.

— Et quelles sont ces idées?

— Je ne me ferai pas prier deux fois pour vous le dire, car je ne trouve pas souvent de joint pour pouvoir caser de ces articles-là. Votre seigneurerie jugera sans doute, que je suis bâti d'un bien pauvre bois ; mais elle ne voudra peut-être pas me bêchier, car, loin d'être un savant, je ne suis qu'un pauvre diable d'ouvrier qui ne réfléchit pas quand il veut, et qui n'a pas assez raboté d'idées pour avoir mieux à son service qu'un petit copeau de gros savoir.

Avant d'avoir lu le livre de Don Carlos,

j'avoue que ma manière de comprendre le créateur et la création s'appuyait sur d'assez médiocres tasseaux. Ou bien il fallait m'imaginer le bon Dieu produisant en un coup, et un certain jour, par le plus singulier des miracles, une foule d'êtres n'ayant aucune connexion entre eux, ou bien ce même bon Dieu prenant la peine de former l'une après l'autre chaque espèce de notre monde, depuis le caillou ou la mousse, jusqu'à l'animal le plus perfectionné et jusqu'à l'homme. Cette idée me semblait impertinente ; car du moment où j'imagine Dieu, je l'imagine assez parfait, assez puissant pour créer un élément unique capable de tirer tout de sa propre substance ; et il me semble que Dieu diminue du moment où il se met à faire maintes sortes de choses successivement. S'il n'a pas produit la création en plusieurs fois, mon petit bon sens me dit qu'il a forcément créé un élément unique, et que la nature entière, l'univers si vous voulez, n'est qu'un immense et éternel transformisme.

Don Carlos, voyez-vous, señor, en soutenant le transformisme, entrait comme un vrai tenon dans la mortaise de ma jugeotte ; mais voilà qu'un savant de la ville, Don***, que vous connaissez sans doute, chez qui j'ai fait des emballages, m'a enlevé en un instant toutes les chevilles de mes illusions. Il m'a dit que le livre de Don Carlos n'était rien autre chose qu'un roman, et que la science positive de l'observation prouvait que les doctrines de cet auteur étaient de pures fantaisies ; il a ajouté notamment qu'il qu'il n'y avait pas une académie en Europe où l'on admit qu'une espèce pût jamais se transformer en une autre espèce. Et comme je lui demandais si cette théorie de l'espèce était absolument d'équerre, il me fer[illegible]a la bouche plus serrée qu'un étau, en me disant carrément :

— Ce n'est pas une théorie, mon brave homme : c'est un dogme.

— Un dogme, répondis-je ; oh ! dans ce cas, je n'ai plus rien à objecter.

Dieu me garde de ne pas croire ce que disent les académiciens : j'avoue cependant à votre seigneurie que les explications de mon savant client m'ont un peu démonté, et que je suis poussé, je ne sais trop pourquoi, à revenir toujours au système exposé dans mon petit livre. Seulement, ce qui me tourmente, c'est que ce système, du moment où il est dû à la fantaisie, ne soit pas un système complet. C'est pour moi comme un clou sans tête ni pointe. J'ai beau vouloir l'enfoncer dans mon cerveau ; je n'arrive pas à le faire pénétrer sans le tordre à chaque coup ; ce qui ne contribue pas à le rendre bien solide. Si j'étais moins inhabile, j'essayerais de lui refaire une tête, et lui effiler une pointe. Don Carlos me montre les animaux dérivant d'une souche commune ; mais que fait-il des végétaux et surtout des minéraux ? Si Dieu a créé trois types, pierre, plante et bête, j'avoue qu'il me devient fort égal, qu'il en ait créé beaucoup plus, et alors le roman que j'ai lu perd son plus vif intérêt. Si maintenant la plante provient de la pierre, l'animal de la plante, et l'homme de l'animal, il me semble que la transformation doit se continuer bien au delà, et dès lors je commence à croire que le curé de mon village n'avait pas tort lorsqu'il m'apprenait qu'au-dessus des hommes il y avait les anges, au-dessus des anges les archanges, et au-dessus des archanges toutes sortes de créatures de plus en plus perfectionnées : Dieu au point de départ, et Dieu à la fin.

Et à ce sujet, je me suis souvent demandé si tous les astres de l'univers, parmi lesquels notre globe n'est qu'un pauvre grain de sable insignifiant, ont été créés pour le service exclusif de notre petite planète ; ou si, dans chaque étoile, dans les plus grandes au moins, Dieu a placé des êtres doués d'un organisme semblable ou différent de ceux de la terre. Vous me direz peut-être qu'on n'en sait rien. Mais alors je répondrai encore une fois que le joli roman de Don Carlos est des plus incomplets, puisque son imagination n'a pas été capable de le terminer. Un roman inachevé n'a jamais qu'un assez maigre mérite, et je gage qu'il eût autant valu ne pas le commencer que de l'abandonner sans lui avoir donné le dernier tour de main.

Ensuite je trouve encore une lacune qui m'embarrasse terriblement dans la doctrine de Don Carlos. Suivant ce savant, les transformations s'opéreraient dans la nature, par suite de la sélection naturelle et de la concurrence vitale, c'est-à-dire, si j'ai bien compris, par ce fait que les êtres ont une tendance à s'unir aux êtres qui leur semblent les plus parfaits, et que les forts détruisent les faibles, c'est-à-dire ceux qui sont imparfaits. Cette manière d'expliquer les transformations me sourit assez; mais je vois, dans ce monde, une autre transformation bien autrement radicale et que je voudrais qu'un académicien m'expliquât quelque peu. Cette transformation radicale, c'est la mort.

Pour ceux qui n'admettent qu'un seul principe, le principe matériel, comme pour ceux qui croient à un autre principe, le principe intellectuel et métaphysique, la mort est nécessairement le signal du plus énorme des transformismes. Et à ce sujet, je me demande si la théorie actuelle de la cellule, considérée comme élément constitutif des êtres, nous montre bien le problème réduit à sa plus simple expression. L'atome ou parcelle indivisible n'est pas bien remplacé, dans les doctrines modernes, par la cellule destructible, elle et ses parois; et je m'inquiète de savoir si, en somme, ce n'est pas cet atome qui est l'élément essentiellement supérieur et parfait de la nature, si ce n'est pas enfin dans cet élément que résident les plus splendides prérogatives de la perpétuité. Qui peut fixer des bornes à la puissance de cet atome capable de pénétrer au travers des corps subtils, solides, liquides et éthéréens? Qui peut nous dire que ses évolutions, réglées par des lois encore inconnues, ont pour domaine restreint les limites étroites de notre atmosphère, et non point les immensités de l'infini?

Mon emballeur s'animait de plus en plus; mais comme il ne cessait pas un instant de travailler, tout en me racontant ses théories, je n'avais garde de l'interrompre.

La cloche de l'hôtel, appelant les voyageurs à la table d'hôte, m'obligea cependant de mettre un terme à la conférence dont il nous gratifiait si généreusement, et je fus obligé de prendre à mon tour la parole :

— Mon brave homme, lui dis-je, je regrette vivement de quitter Madrid ce soir ; car, sans cela, j'aurais été fort curieux de vous entendre continuer l'exposé de vos idées. Je ne veux point vous dissimuler cependant combien ces idées sortent du cadre de la science positive.

Vous avez lu, dites-vous, un roman de Don Carlos Darvino ; mais vous ajoutez furieusement du romanesque à ce roman. Quand je serai de retour à Paris, je vous enverrai quelques bons livres d'histoire naturelle qui modéreront peut-être un peu la hardiesse de vos hypothèses. Je suis cependant charmé de vous avoir entendu, et je vous promets de réfléchir à ce que vous m'avez expliqué.

Manriqué me serra chaleureusement la main, et me remercia de mes promesses. Son copin, pendant ce colloque, n'avait pas soufflé mot; mais on voyait, dans ses yeux, des sentiments d'admiration mal dissimulés. Il se borna, au moment de nous séparer, à pousser cette exclamation :

— Comme c'est beau, tout de même, d'être savant !

Pendant le dîner, je n'ai pas cessé de songer à mon emballeur et à ses théories. Je ne sais si l'on trouve à Madrid beaucoup de gens de cette trempe parmi les menuisiers, comme on en compte à Paris parmi les cordonniers et les collecteurs de chiffons, gens dont le métier, à ce qu'il paraît, est très favorable au travail de la pensée. Toujours est-il que je n'oublierai pas de lui envoyer les livres que je lui ai promis.

A neuf heures, nous quittons la *Fonda de la Paz*, pour monter dans l'omnibus qui doit nous conduire à la gare. Nous allons passer deux nuits et un jour en wagon, car nous nous rendons en une tire à Lisbonne.

Départ à neuf heures cinquante minutes du soir.

A bientôt !

NOTES JUSTIFICATIVES

Page 54. — .... Llamadas hermanas por la identidad de su raza, de su idioma, de su geografia, de sus costumbres, de sus libertades y de su historia (Antonio de Trueba).

Page 79. — 1. Un médico convencido; 2. Un falso sábio arrepentido; 3. Un historiador verídico; 4. Un filósofo que se entienda a si mismo; 5. Un mal poeta cansado de escribir; 6. Un coleccionador cuerdo; 7. Un soldado sabiendo por qué mata; 8. Un candidato que cumple sus promesas.

Page 96. — En eso hay mucho que decir. Y estas no son de las cosas cuya averiguacion se ha de llevar hasta el cabo..... puesto que la contemplo, como conviene que sea,..... como son hermosa sin tacha.....

Page 97. — ... asunto vano, ó es tiempo mal gastado el que se gasta en vagar por el mundo, no buscando los regalos dél, sino las asperezas por donde los buenos suben al asiento de las inmortalidad.

Page 100. — Mucho sabeis, mucho podeis, y mucho mal haceis..... Por dos razones : la una, regalar aquesta lengua..... Aquí es donde dice mas necedades el mas cuerdo. Si no pierdo mi entendimiento aquí, es por no tener entendimiento. Loco está como los locos, y no me admiro de verlos tan locos, como de verme tan demasiado y tan necio, a mi que.....

Page 101. — ... todos ensartados por las agallas, como sardinas en lercha !

Asno eres, y asno has de ser, y en asno has de parar cuando se te acabe el curso de la vida, que para mi tengo que antes llegará ella á su último término, que tú caigas y des en la cuenta de que eres bestia.

Page 104. — Dichosa edad y siglos dichosos aquellos á quien los antiguos pusieron nombre de dorados ; y no porque en ellos el oro, que en esta nuestra edad de hierro tanto se estima, se alcanzase en aquella venturosa sin fatiga alguna, sino porque entonces los que en ella vivian, ignoraban estas dos palabras de *tuyo* y *mio*. Eran en aquella santa edad todas las cosas comunes ; á nadie le era necesario para alcanzar su ordinario sustento tomar otro trabajo que alzar la mano, y alcanzarle de las robustas encinas que liberalmente les estaban convidando con su dulce y sazonado fruto. Las claras fuentes y corrientes rios en magnifica abundancia sabrosas y trasparentes aguas les ofrecian. En las quiebras de las peñas y en lo hueco de los árboles formaban su república las solicitas y discretas abejas, ofreciendo á cualquiera mano sin interes alguno la fértil cosecha de su dulcísimo trabajo. Los valientes alcornoques despedian de sí, sin otro artificio que el de su cortesía, sus anchas y livianas cortezas, con que se comenzaron á cubrir las casas sobre rústicas estacas, sustentadas no mas que para defensa de las inclemencias del cielo. Toda era paz entonces, todo amistad, todo con-concordia : aun no se habia atrevido la pesada reja del corvo arado á abrir ni visitar las entrañas piadosas de nuestra primera madre, que ella sin ser forzada ofrecia por todas las partes de su fértil y espacioso seno lo que pudiese hartar, sustentar y deleitar á los hijos que entonces la poseian. Entonces si que andaban las simples y hermosas zagalejas de valle en valle y de otero en otero, en trenza y en cabello, sin mas vestido de aquellos que eran menester para cubrir honestamente lo que la honestidad quiere y ha querido siempre que se cubra ; y no eran sus adornos de los que ahora se usan, á quien la púrpura de Tiro y la portantos modos martirizada seda encarecen, sino de algunas hojas de verdes lampazos y hiedra entretejidas, con lo que quizá iban tan pomposas y compuestas como van ahora nuestras cortesanas con las raras y peregrinas invenciones que la curiosidad ociosa les ha mostrado. Entonces se decoraban los concetos amorosos del alma simple y sencillamente del mismo modo y manera que ella los concebia, sin buscar artificioso rodeo de palabras para encarecerlos. No habia la fraude, el engaño ni la malicia mexcládose con la verdad y llaneza. La justicia se estaba en sus propios términos, sin que la osasen turbar ni ofender los del favor y del interese, que tanto ahora la menoscaban, turban y persiguen. La ley del encaje aun no se habia sentado en el entendimiento del juez, porque entonces no habia que juzgar ni quien fuese juzgado. Las doncellas y la honestidad andaban, como tengo dicho, por donde quiera, solas y señeras, sin temor que la agena desenvoltura y lascivo intento las menoscabasen, y su perdicion nacia de su gusto y propria voluntad.

Page 108. — ....duda de todo, y créelo todo. ....es hijo de sus obras, y las virtudes adoban la sangre como el árbol sin hojas, el edificio sin cimiento, y la sombra sin cuerpo de quien se cause.

Page 110. — .....ó adoban ó entorpecen los entendimientos.

Page 111. — ....hemos menester ahora mas los piés que las manos.

Page 150. — .....Torreledoues : veinte vecinos, cuarenta ladrones.

Page 173. — Usavan tambien esta gente de ciertos carateres ó letras con las quales escrivian en sus libros sus cosas antiguas, y sus sciencias, y con ellas, y figuras, y algunas señales en las figuras entendian sus cosas, y las davan a entender y enseñavan. Hallamosles grande numero de libros destas sus letras, y porque no tenian cosa en que no uviesse supertícion y falsedades del demonio, se les quemamos todos, lo qual a maravilla sentian y les dava pena. (*Relacion de las cosas de Yucatan,* en la Biblioteca della Academia Real de la Historia).

Page 244. — Y ya en esto se venia á mas andar el alba alegre y risueña : las florecillas de los campos se descollaban y erguian, y los liquidos cristales de los arroyuelos, murmurando por entre blancas y pardas guijas, iban á dar tributo á los rios que los esperaban : la tierra alegre, el cielo claro, el aire limpio, la luz serena, cada uno por si y todos juntos daban manifiestas señales que el dia que al aurora venia pisando las faldas habia de ser sereno y claro.

PAGE 269. — .... a tantas luces atento, ... girasol humano.

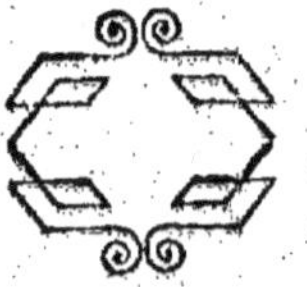

TABLE DES MATIÈRES

TOME I.

L'Espagne du Nord et Madrid

Si dans mon modeste encrier,
J'ai su mal imbiber ma plume,
Attendez pour me décrier
D'avoir lu mon second volume.

FIN DU PREMIER VOLUME.

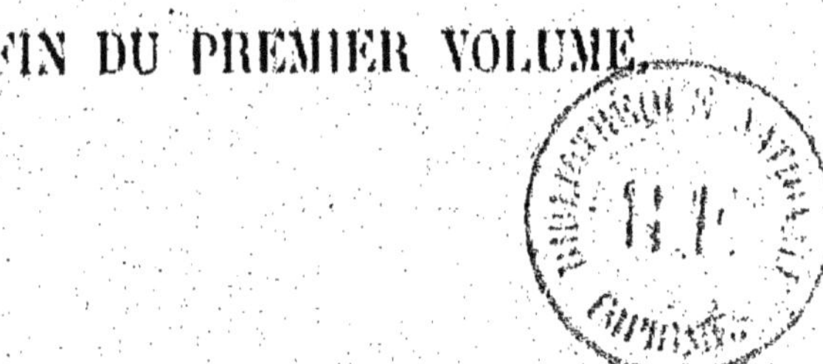

Imprimerie E. DANGU, à Saint-Valery-en-Caux.

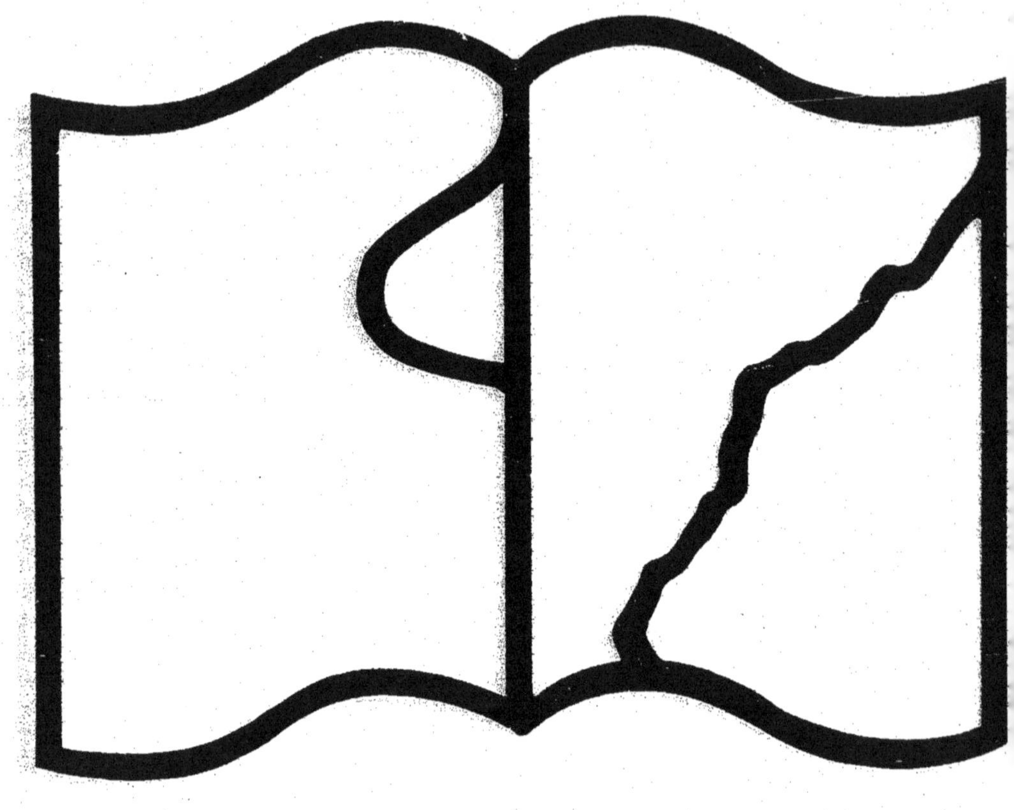

Texte détérioré — reliure défectueuse

NF Z 43-120-11

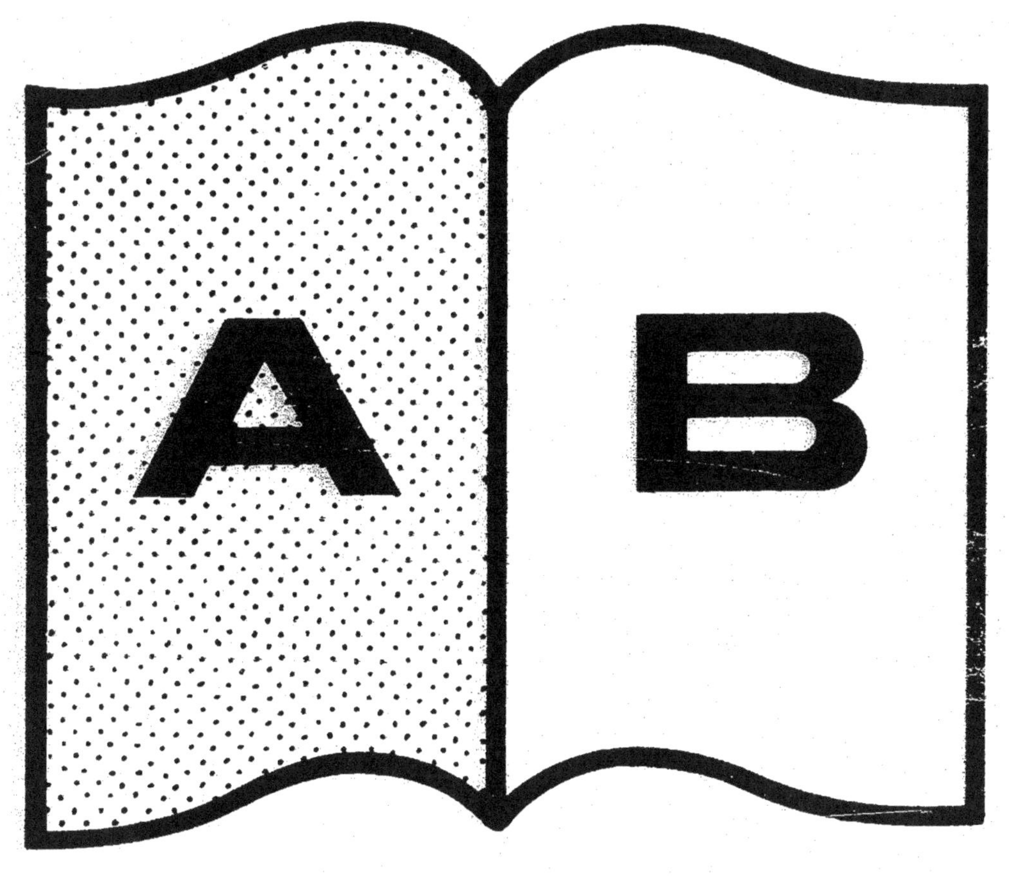

Contraste insuffisant

NF Z 43-120-14

www.ingramcontent.com/pod-product-compliance
Lightning Source LLC
LaVergne TN
LVHW020544230826
846091LV00002B/384

* 9 7 8 2 0 1 2 9 3 4 6 9 6 *